湖北省培养紧缺技能人才开发项目系列教材

# 烹饪刀工技能训练

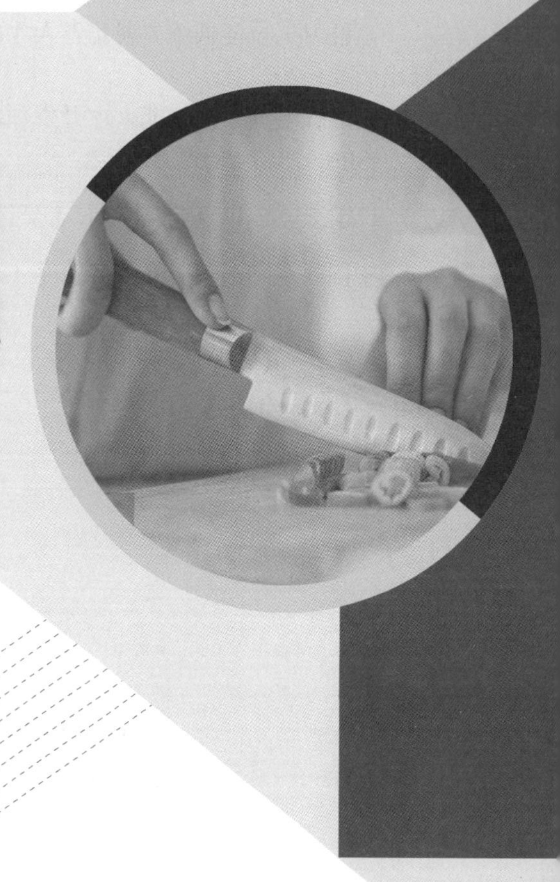


编审人员名单

主　编　邹志平　王新生

副主编　江先州　尹　东　毛从阳

主　审　周大勇


中国劳动社会保障出版社

图书在版编目（CIP）数据

烹饪刀工技能训练 / 湖北省人才事业发展中心组织编写 . -- 北京：中国劳动社会保障出版社，2022

湖北省培养紧缺技能人才开发项目系列教材

ISBN 978-7-5167-5243-2

Ⅰ. ①烹…　Ⅱ. ①湖…　Ⅲ. ①烹饪－原料－加工－技术培训－教材　Ⅳ. ①TS972.111

中国版本图书馆 CIP 数据核字（2022）第 042893 号

**中国劳动社会保障出版社出版发行**

（北京市惠新东街 1 号　邮政编码：100029）

*

三河市华骏印务包装有限公司印刷装订　新华书店经销

787 毫米 ×1092 毫米　16 开本　15.25 印张　274 千字

2022 年 6 月第 1 版　　2022 年 6 月第 1 次印刷

**定价：50.00 元**

读者服务部电话：（010）64929211/84209101/64921644

营销中心电话：（010）64962347

出版社网址：http：//www.class.com.cn

# 序　言

“技术工人队伍是支撑中国制造、中国创造的重要力量。”“工业强国都是技师技工的大国，我们要有很强的技术工人队伍。”“大力弘扬劳模精神、劳动精神、工匠精神，激励更多劳动者特别是青年一代走技能成才、技能报国之路，培养更多高技能人才和大国工匠，为全面建设社会主义现代化国家提供有力人才保障。”党的十八大以来，习近平总书记始终高度重视关心技能人才，多次作出重要指示批示，在许多场合、多个会议反复强调要加强技能人才队伍建设，为做好新时代技能人才工作指明了方向、提供了遵循。时代需要高技能人才，时代呼唤更多高技能人才。

技术技能水平的提高是一个系统工程，好的教材对技术技能水平的提高至关重要。多年来，湖北省人力资源和社会保障厅围绕国家高技能人才振兴计划和技能人才培养创新项目，面向经济社会发展亟须紧缺职业（工种），组织开展品牌专业评审和精品教材开发，致力于服务技工教育和职业技能培训。

2021 年，湖北省人力资源和社会保障厅组织全省技工院校骨干教师精心编写了湖北省培养紧缺技能人才开发项目系列教材。系列教材以推动构建“51020”现代产业体系为目标，涉及智能制造、汽车制造、大健康等重点产业，教材编写坚持需求导向，强化技能培训，借鉴学习了一体化课程教学改革理念，注重融入职业精神、工匠精神，旨在培养实用型技能人才，提升就业帮扶效率。

本系列教材的开发，是湖北省技工院校开展一体化课程教学改革的积极探索和有益尝试，是湖北省技工教育和职业培训最新教学成果的展示。期望教材的出版既能为技工院校在校师生提供内容先进、论述系统并适用于教学的参考书，也能成为广大技能人才知识更新与继续学习的参考资料。

2021 年 12 月

# 内容简介

本书由湖北省人才事业发展中心依据紧缺技能人才的培训需求，参照相关国家职业技能标准组织编写。本书从强化培养紧缺技能人才操作技能，提高掌握实用技术能力和水平的角度出发，较好地体现了本职业（岗位）当前最新的实用知识与操作技术，对于提高紧缺技能人才基本素质，掌握工作现场和工作岗位所必需的核心知识与技能有直接的帮助和指导作用。

本书主要内容包括：刀工概要，烹饪切配常用刀法，烹饪原料刀工成型，刀工与料头，花刀技法，蔬菜类食材加工刀法，肉类食材加工刀法，食品雕刻，菜肴围边刀工，冷菜拼盘、水果拼盘刀工等。为便于读者掌握本教材的重点内容，教材每单元后附有单元测试题及答案，用于检验和巩固所学知识与技能。

本书可作为中式烹饪职业（工作岗位）紧缺技能人才培训与考核教材，也可供全国中高等职业技术院校相关专业师生，以及本职业（岗位）从业人员参加岗位培训、就业培训使用。

# 目录

CONTENTS

# 刀工概要

## 引导语

刀工，也称作切菜的技术，是依据食用和烹调的要求，运用各种不同的运刀技法将各种原料加工成一定的形状，使其成为菜肴组配所需要的基本形态的操作技术。在食品烹饪加工过程中，从清理加工至切割加工都离不开刀工的运用。作为烹调工艺的三大要素之一，刀工不可或缺。首先，刀工拥有易使原料入味，便于烹饪加工，使食物方便食用的作用。其次，刀工不仅便于排除食物异味，也有助于一般新鲜的、无异味的原料更加入味。因此，刀工的合理运用能够有效改善食物的感官质地。再次，经过刀工处理后，食品原料的受热面积得以增加，其内部的传热时间缩短，可使原料的成熟速度加快。最后，刀工可以把不同形状的食品原料加工得整齐且美观，使各种原料的形状和规格基本一致，具有装饰和美化菜品的作用。因此，作为烹调工艺的基本功，打好刀工基础是十分必要的。

与刀工技术相关联的还包括烹饪刀具的选择、刀工刀法、磨刀方法、菜墩的分类使用、刀工用具的清洁保养、刀工的正确姿势等方面。刀工技艺文化可谓底蕴深厚，是中国烹饪的重要特色之一。

在本单元中，将介绍刀工、刀具及刀工正确姿势相关基础知识，为今后刀工刀法的学习奠定良好的基础。

## 培训目标

熟悉刀工的作用

掌握烹饪刀具的选择方法、菜墩的使用分类、刀工的正确姿势等

能熟练进行磨刀以及刀工用具的保养

# 第 1 节　刀工及其作用

## 一、概述

为食品烹调提供所需要的成型原料是烹饪刀工的目的。刀工作为烹饪技术中的重要组成部分，在菜肴烹饪加工过程中，一方面，决定了原料的形状；另一方面，对菜肴制成后的色、香、味、形、质、养、洁等方面均起着举足轻重的作用。

烹饪刀工可以分为准备阶段和实施阶段。准备阶段又称为刀工的粗加工阶段，也就是原料的初步加工；实施阶段就是刀法，是刀工的核心阶段。它直接关系到食品原料的成型。经过刀工处理的食品原料就可以进行配菜工艺，继而制熟。因此，菜肴制作过程中的第一道工序是烹饪刀工。在准备过程中，这一工序实施得如何，直接影响菜肴品质的好坏，因此，合理对原料进行切割加工十分必要。

刀工是根据烹调和食用的需要，运用各种不同的运刀技法，将烹饪原料加工成一定形状的操作过程。烹饪刀工的技术不仅能够使菜肴形态发生变化，而且这种千姿百态的“形”的变化可以给人以美的享受。所以，刀工是整个烹饪过程中的重要环节之一。

## 二、刀工的作用

### 1. 便于烹调入味

经过刀工处理的烹饪原料成为粗细均匀、形态统一的块、段、条、丝 、丁等形状，或者在原料表面剞上花纹，这样便于加热成熟，也利于调味品深入渗透入味，取得融滋味和质感于一体的效果。烹饪原料品种众多、形态各异，烹调方法多种多样，操作程序也各不相同，需运用刀工因料制宜处理以后，方能便于烹调。

### 2. 用于处理食品原料便于人们食用

食品原料经过刀工处理，由粗改细、由整切零、由大变小，形成各种形状，不仅适于烹调，也能方便人们食用，促进人体的消化与吸收。

3. 能丰富菜肴的品种

运用刀工可以把不同颜色、不同质地的原料加工成各种形状，制作成为不同的菜肴；也能把同一种原料加工成为各种不同的形状，制成多种菜肴。例如，运用刀工，可以将一条青鱼加工成鱼茸、鱼条、鱼片、鱼丝，以及花刀形等，制成菊花青鱼、红烧划水、糟熘鱼片、瓜姜鱼丝等菜肴。

4. 能美化菜肴的形态

原料经过整齐、均匀、多姿的刀工成型，能使一桌菜肴显得格外协调美观，激发食欲。尤其是剞刀法的运用，在原料表面剞上各种花刀纹，食品原料经加热后，会受热卷曲成各种具有美感的形状，如葡萄形、麦穗形、松鼠形、荔枝形等，给人以感官的享受，令人赏心悦目。

5. 能提高菜肴的质感

要使菜肴达到爽、嫩、脆的效果，除了运用相应的上浆、挂糊等烹调技法措施外，还需依靠刀工技术。例如，采用剞、拍、捶、剁、切等方法，可使原料肌肉纤维组织解体或断裂，使肉的表面积扩大，进而让更多的蛋白质亲水基团显露出来，使肉的持水性增加，再通过烹调，可以达到嫩化肉质的效果。例如，在糖醋排条的制作中，要拍松里脊肉，并将其改刀成条状；制作葱爆鱿鱼卷时，要使用剞刀法在鱿鱼上剞花刀。

## 三、刀工的基本要求

切菜是一项劳动强度大、技术性高的手工操作。目前，虽然已有一些切割加工机械，如切片机、绞肉机、粉碎机、切丝机等，但机械性刀具不能完全替代手工操作，大量难度大、技术要求高的食品原料加工还需经手工操作完成。因此，刀工应该遵循以下基本要求。

1. 必须适应烹调需要

刀工与烹调作为烹饪技术中的两道工序，相互影响，共同促进。烹饪原料的形状需适应烹调方法的需要。烹调方法不一样，对烹饪原料形状的要求也有所不同。如运用爆炒等烹调方法，需要的火力较大，加热时间相对较短，制作出的成品具有嫩、滑、爽、鲜的特点，这就要求烹调加工的原料的形状以小、薄为宜，若原料形状过大且厚，那么在烹调时，极易使成品里生外焦，达不到成品制熟和美观的要求，导致食材浪费。在使用如炖、烧、焖等烹调方法时，需要采用较小的火力，加热时间相对较长，制作出的成品具有酥烂味透的特点，所加工的原料应以厚、大为宜。否则，成品极易破碎，甚至成糊状，影响美观度和食用体验。

**2. 依据原料的性质下刀**

烹饪原料品种繁多，质地各异，有脆、韧，软、硬，紧密、疏松，有骨、无骨等区别，刀工应根据原料的不同性质进行相应的处理。例如，在肉丝的切割加工过程中，质地较老的牛肉应该顶着肌纹下刀（顶丝切），而质地较嫩的鸡脯肉则应该顺着肌纹下刀（顺丝切）；韧性强的牛肉丝、猪肉丝应切得稍细一点；韧性较差、质地松软的鱼肉应切得稍粗一点。否则，会影响菜肴的整体质量，且不符合食物食用的要求。

**3. 要清爽利落**

原料经刀工处理，形状美观，花样繁多，各有特色。无论哪种形状，都应尽量做到大小一致、长短相等、粗细一致、厚薄均匀。否则，将严重影响菜肴的外观，而且在烹调时，成品容易出现生熟不一致，入味不均匀的现象。

在用刀工处理原料时，还应该做到下刀清爽利落，且不能连刀。因此，应注意刀具的运用与维护，保持刀刃锋利，无缺口；菜墩无凹凸不平、残留碎屑、腐烂生霉的情况。下刀时，应看准目标，下刀利落，用力均匀。否则，食材就会“藕断丝连”，致使其形态不美观，且不利于烹调和食用。

**4. 合理使用原料**

常言道“谁知盘中餐，粒粒皆辛苦。”合理使用原料是烹饪工作中的一条非常重要的原则，应计划用料，合理搭配，做到小材小用、大材大用。尤其是把大料改小时，落刀之前要心中有数，尽量使各种原料都得到充分利用，做到物尽其用。

**5. 符合卫生要求，力求保留营养**

在刀工操作过程中，食品原料及各种工具、用具应该保持清洁卫生，生熟分开，防止交叉污染和串味。要尽量保留原料中的营养素，避免因加工不当而造成营养的流失。

**6. 对操作者的基本要求**

（1）要拥有健康的体魄和灵活的臂力与腕力，这样才能运刀自如、出刀有力、落刀准确。如果身体素质欠佳，常常表现为体力和耐力不足。在持刀操作时，工作的稳定性必然大打折扣，导致刀法变形，降低原料成型的质量、规格。更甚者会碰伤手指，从而造成工伤事故。因此，想要提高刀工技能，锻炼身体，提高身体素质，加强手指、手腕、臂力的训练是前提条件，这对于保证菜肴质量具有重要的意义。

（2）由于刀工操作所使用的工具多为利器，一不小心就可能发生刀伤事故。因此，在操作过程中，必须聚精会神，注意安全，排除安全隐患。

（3）应该保持科学、自然的操作姿势。一方面能方便操作，便于提高工作效率；另一方面能减少疲劳，保证身体健康。

（4）应该熟练掌握并正确运用各种刀法。烹饪刀法的种类比较多，用途也各有不同，刀工操作者必须了解各种刀具的用途，熟练掌握各种刀法，并且能够根据原料的特点和烹调与食用的相关要求，正确地运用不同刀法，把原料加工成具有一定观赏性的形状，务必在整个切割加工过程中做到精益求精。

## 第2节　刀具的结构、种类、特性以及用途

### 一、概述

刀具与菜墩是刀工操作中的必备用具。刀具的好坏，刀工操作是否得当，都会直接影响菜肴所呈现出来的品质。

### 二、刀的结构

**1. 刀柄（handle）**

刀柄指刀上被用来握持的部分。

**2. 刀格、刀枕（heel）**

刀格、刀枕指刀上用来隔离刀身与刀柄的部分。

**3. 刀身、刀片（blade）**

刀身、刀片指刀上用来完成切、削、刺等功能的部分。

**4. 刀刃（edge）**

刀刃指刀身上用来切、削、砍的一边。

**5. 龙骨和刀膛龙骨（tang）**

龙骨和刀膛龙骨就是刀身伸入刀柄的部分，也叫作柄芯。

**6. 指撑（bolster）**

指撑是指用来握住的部分，不同于刀身，此部分能提高安全性能与舒适度。

**7. 铆钉（rivet）**

铆钉能够固定龙骨与刀柄。

### 三、刀各部分使用说明

1. 刀身的中部适合处理大部分食材。

2. 刀身的前部适合处理细小的食物，如切大蒜、洋葱末等。

3. 刀身的后部可用来敲一些小骨头。

4. 刀面适合拍大蒜、肉这类食物，也可以用于转移食物。

## 四、中餐刀具的种类与用途

刀具的种类多，且其形状与功能各异。

依据刀具的形状，一般分为圆头刀、方头刀、马头刀和尖刀。浙江和江苏等地一般使用圆头刀；而在四川和广东等地，一般使用方头刀；马头刀又名北京刀，在北方如北京、天津等地被普遍使用；尖刀常常用于原料的初加工。

依据刀具的用途，一般可分为片刀、切刀、斩刀（又称砍刀或劈刀）、前切后斩刀（又称文武刀）及其他类刀。

### 1. 片刀

片刀的重量比较轻，一般为 500 ~ 750 g，刀身较薄，刀刃十分锋利，在加工硬性原料时易损伤，造成刀具迸裂豁口。

片刀适用于将无骨且无冻的植物性原料和动物性原料加工成片、丝、条、丁、米等形状。

片刀的形状也有很多，常见的有圆头片刀及烤鸭刀。烤鸭刀（又称小片刀）的形状与方头片刀的形状基本相似，区别在于刀身比片刀略窄而短，重量较轻，刀刃锋利，现广泛采用不锈钢制成，不容易生锈，专门用来片熟烤鸭肉。

### 2. 切刀

切刀（见图 1–1）和片刀的形状相似，其刀身比片刀略圆、略重一些。

切刀应用范围比较广泛，既能把无骨、无冻的原料加工成块、条、丁、丝等形状，又能加工含有碎小骨及质地微硬的原料。

### 3. 斩刀

斩刀（见图 1–2）的刀身比切刀的刀身宽重且长，主要适用于质地坚硬或带骨原料的加工，如半爿猪身的分档取料，斩排骨、鸡、鸭等。

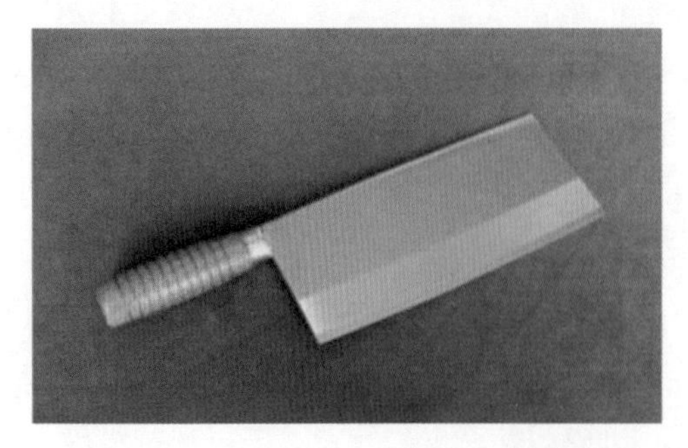

图 1–1　切刀

图 1–2　斩刀

**4. 前切后斩刀**

前切后斩刀（见图1–3）的形状、刀身大小和一般切刀相同。刀的根部相较于切刀略厚，其前半部分薄且锋利，近似切刀；而后半部分厚且钝，近似斩刀。前切后斩刀应用范围比较广泛。在原料切割加工中既能片切，又能斩（不适用于斩骨太大及质地非常坚硬的原料）。这种刀具因其功能具有多样性，所以又被称为文武刀。

**5. 其他类刀**

其他类刀种类繁多，刀身通常窄小，刀刃较锋利，轻巧且灵便，外形各具特色，用途广泛。常用的其他类刀有以下几种。

（1）刮刀（见图1–4）。刮刀的体形不大，刀刃不算锋利，主要用来除鲜鱼鳞或刮去菜墩上的污物等。

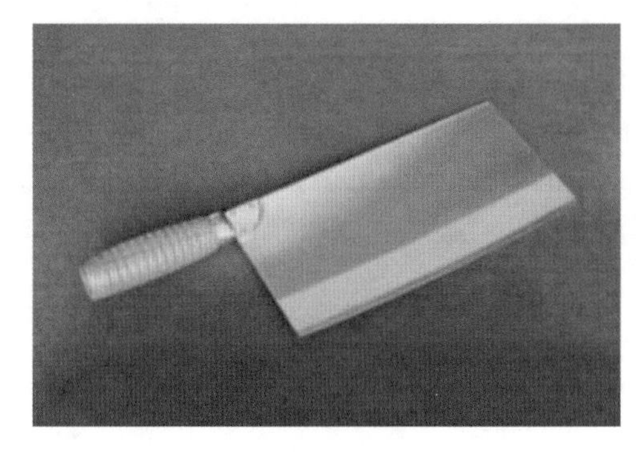

图1–3　前切后斩刀

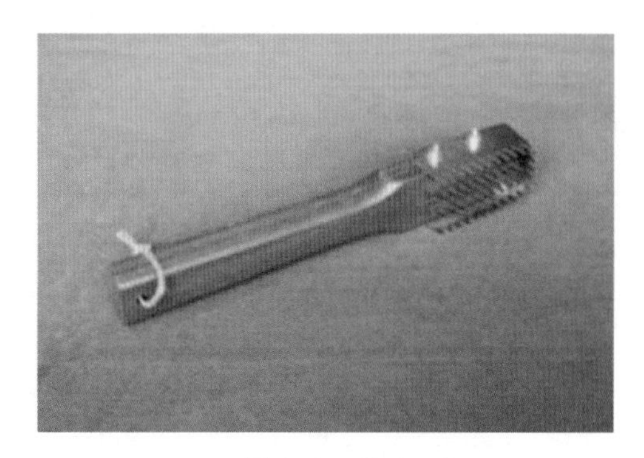

图1–4　刮刀

（2）尖刀（见图1–5）。尖刀的刀形表现为前尖后宽，基本呈三角形，重量相对较轻，多用于剔骨和剖鱼。

（3）剪刀（见图1–6）。剪刀的形状类似于一般家用的剪刀，多用于对原料进行初步加工，如摘、剪蔬菜，或者加工整理鱼虾类原料等。

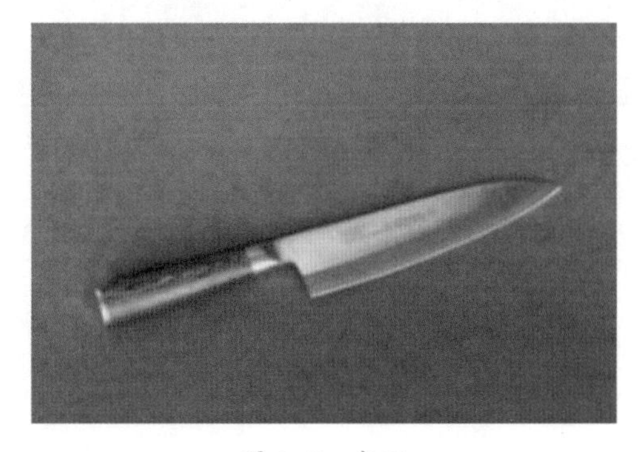

图1–5　尖刀

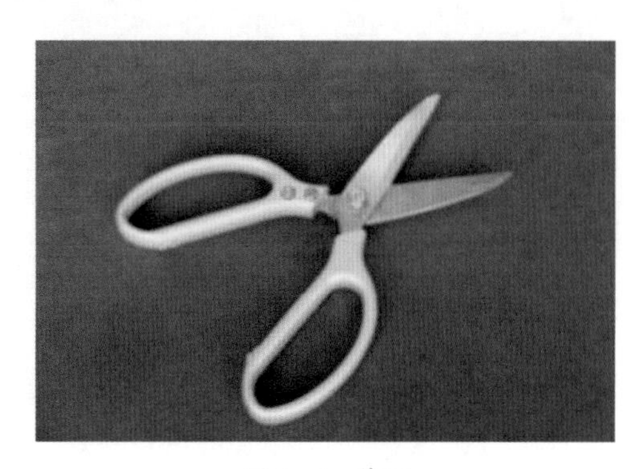

图1–6　剪刀

（4）镊子刀（见图 1–7）。镊子刀的前半部分是刀，呈三角形；后半部分是镊子，也就是刀柄部分。它主要用来对原料进行初加工，刀可用来对食品原料进行削、刮、剖、剜等，镊子用于夹鸡、鸭、鹅、猪等的毛。

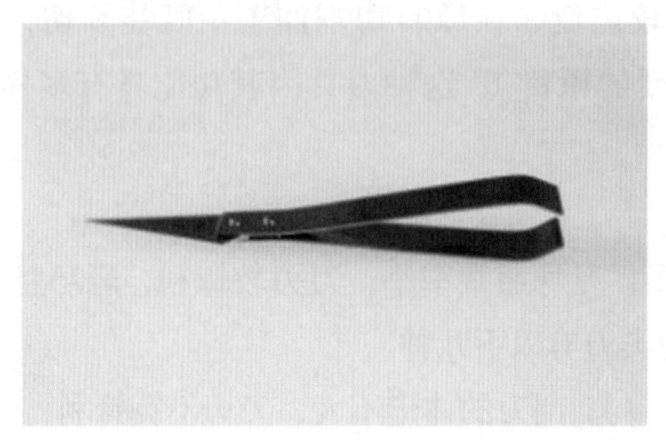

图 1–7 镊子刀

## 第3节　菜墩的种类、使用方法和保养事项

大多数菜墩是用银杏树或橄榄树、柳树、榆树等材料制成的。这些树的木质比较坚固，并且有韧性，不易断裂和腐烂，经久耐用，少量碎屑对人体也无害。在原料的切割加工过程中，不易伤刀刃，对刀具具有一定的保护作用。制作菜墩应选用外皮完整，且不空不烂无结疤、色泽均匀无花斑、墩面淡青的材料为宜。

通常，新菜墩在使用前应该先用盐溶液浸渍，此工艺可以有效紧缩木质，使木质致密，进而有效防止虫蛀及腐烂。菜墩在使用时，不可损坏皮层，否则易裂。菜墩在使用后，应及时刮净墩面，满刮墩面，防止墩面出现凸凹不平的现象，影响刀工的进行；不宜长时间固定在一个部位切削排剁，需要四面调节，合理调控位置，保持墩面的平整。严禁在墩面硬剁硬劈，否则极易造成墩面的损坏。菜墩使用完后应立即洗净并晾干，用墩套或洁布罩上，防止对菜墩造成污染。菜墩不宜在烈日下进行曝晒，否则骤然受热将会使其炸裂受损。常见菜墩如图1–8 ~ 图1–10所示。

图1–8　圆形塑料菜墩

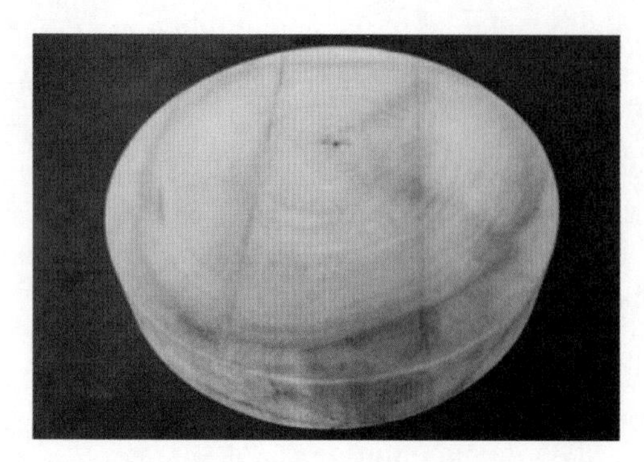

图 1-9 圆形木菜墩

图 1-10 方形竹菜墩

## 第4节　磨刀方法和刀具保养

常言道“三分手艺七分刀”，刀具的重要性不言而喻，其锋利程度在切割加工过程中很重要，刀锋的锐利需要通过磨刀技术来实现。

磨刀需要用磨刀石（砖），磨刀石通常分粗磨刀石（见图1–11）和细磨刀石（见图1–12）两种。粗磨刀石的主要成分为黄砂石、红砂石，质地较松且粗，常用于新刀开刃或者磨有缺口的刀；细磨刀石的主要成分为青砂石，质地较坚实，容易将刀磨快，且不易损伤刀口，从而保护刀身的完整性，因此，应用较多。磨刀时，一般应先在粗磨刀石上将刀磨出锋口，然后在细磨刀石上将刀磨快。两种磨刀石的配合使用既能缩短磨刀时间，又能有效提高刀刃的锋利程度。

图1–11　粗磨刀石

图1–12　细磨刀石

磨刀前，应先把刀面上的污渍擦洗干净，然后将磨刀石安放平稳，以前低后高为宜，磨刀石旁边应放置清水。磨刀时，站姿应端正且自然，两脚自然分开或一前一后站稳。胸微前倾，手持刀柄，一手按住刀面的前段。刀口向外，平置于磨刀石面上，然后在磨刀石面或刀面上淋水，将刀面紧贴于磨刀石后部，略翘起，保持前推后拉的磨刀手法。用力均匀，当石面起砂浆时立即淋水，要保证刀身前中后部及两面均匀磨到，两面磨的次数和力度基本相同，唯有这样，才能使刀刃保持平直且锋利。刀磨完后应洗净擦干，将刀刃朝上置于眼前观察，若刀刃上看不见白色的光亮，则表明刀已磨好；也可将刀刃轻轻放于大拇指肚上，将刀后拉或前推，若有涩的感觉，就表明刀口锋利；反之，还要继续磨刀（见图 1–13）。

图 1–13　检验刀刃是否磨好

刀具保养极其重要。刀具在用完后，必须用洁布擦拭干水分和污物，特别是在切成味、带有腥味、具有黏性的原料后，如咸菜、山药、鱼、藕、菱白等。刀具切过原料之后，黏附于刀面上的物质易使刀身变色，甚至锈蚀。若刀具长时间不使用，应擦拭干净后在表面上涂一层油，防止生锈。刀具使用完以后，应该置于安全且干燥的地方，防止刀刃损坏或伤人。

## 第5节　操刀的姿势和基本要求

在进行刀工操作时，双脚要自然分立站稳，两脚分开的距离与肩同宽（见图1–14a），上身略向前倾，头端正，两眼正视手操作的部位，腹部应与菜墩保持约10 cm的距离（见图1–14b）。菜墩放置的高度应以操作者身高的一半较为适中，要求既不耸肩又不弯腰，错误站姿如图1–15所示。

握刀的基本手法是右手持刀，食指与大拇指捏住刀箍处，全手握住刀柄，手腕应灵活有力。左手控制原料，并且随刀的起落而均匀地向后移动。刀在起落时，刀刃通常不可超过左手手指的中节（斩刀例外），以防手指受伤。总之，左手持物应稳，右手运用手腕的力量，落刀要准，两手协调配合。正确握刀姿势如图1–16所示。

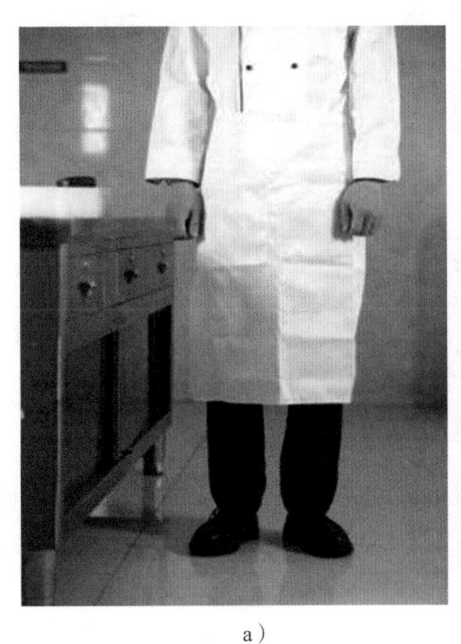

a）

b）

图1–14　正确站姿

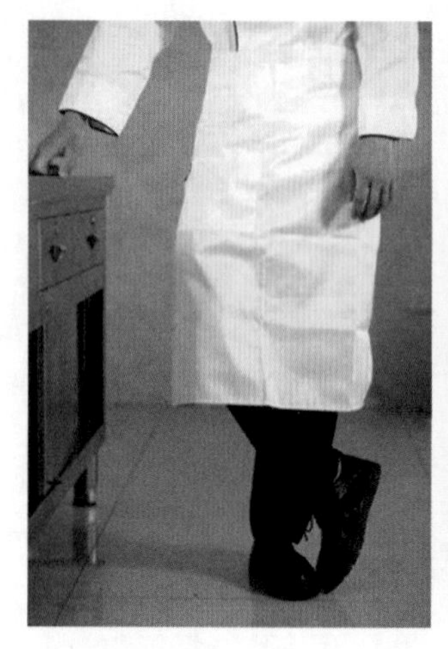
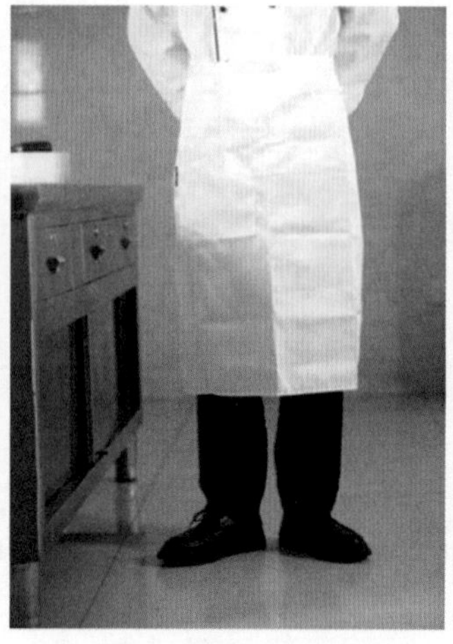
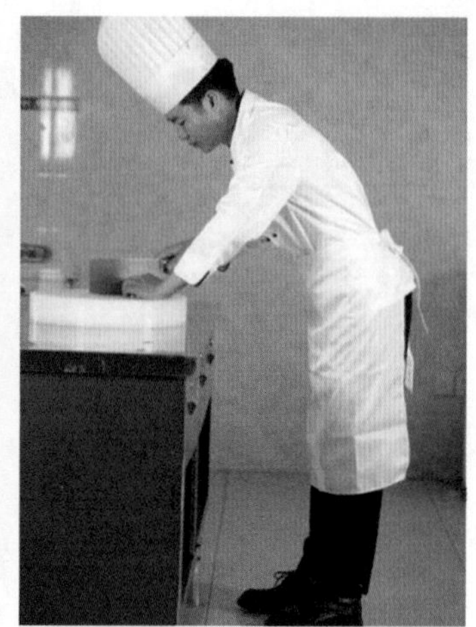

图 1-15　错误站姿

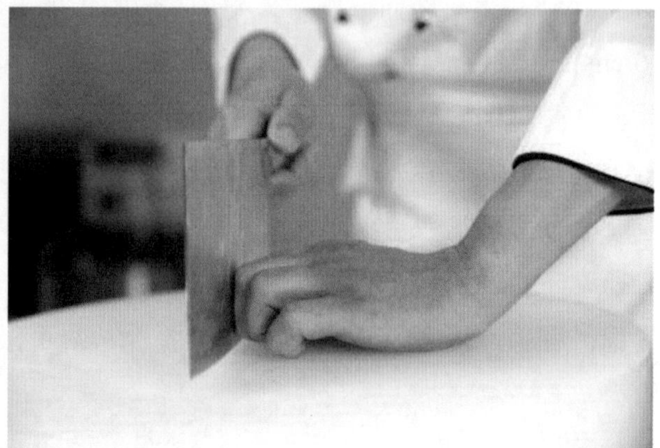

图 1-16　正确握刀姿势

# 第6节　西餐刀具的种类及使用

西餐菜肴的品质呈现非常考验厨师的刀工技艺。在准备烹调过程中，厨师需要对西餐刀具的选择以及刀工刀法的使用有清晰明了的认知。

## 一、西餐刀具分类

### 1. 砍刀（cleaver）（见图 1–17）

砍刀是厚重而扁平的长方形刀具，用来砍剁带骨肉块和骨头。

### 2. 厨刀（chef's knife/cook's knife）（见图 1–18）

厨刀是长的三角形刀具，刀刃长 15 ~ 30 cm，刀尖略微有弧线，便于人们使用。

图 1–17　砍刀

图 1–18　厨刀

### 3. 切片刀（filleting knife）

切片刀是带柔韧性的细长刀具，刀身长 20 cm 左右，用来切割水果、蔬菜、鱼类。

### 4. 去骨刀（boning knife）（见图 1–19）

去骨刀刀身长而坚硬，长 9 ~ 15 cm，刀尖锋利，易于剔除肉类和家禽类的骨头。

**5. 锯刀（serrated knife）（见图 1–20）**

锯刀是指约 13 cm 长带锯齿的刀具，用于切割蔬菜和水果。长的锯刀适合切割蛋糕和面包。

图 1–19　去骨刀

图 1–20　锯刀

**6. 雕刻刀（paring knife）**

雕刻刀的形状和厨刀一样，6 ~ 9 cm 长，是西餐中较常用的厨具。由于大小适中，最适合切割蔬菜、水果、肉类和奶酪等。

**7. 半月形刀（mezzaluna）（见图 1–21）**

此刀英文名来自意大利语，是“半月”的意思。半月形刀刀刃呈弧形，端部带有木制的把手。此刀一般用来往复切割，从而将食物切碎。

图 1–21　半月形刀

**8. 肉刀和肉叉（carving knife and fork）（见图 1–22）**

刀身细长的肉刀用于趁热切割熟的肉类；刀身有沟槽、前端呈圆形的肉刀适合切割冷的肉类。肉叉前端有尖叉，切割时可刺入肉里并固定。

**9. 磨刀棒（knife sharpener）（见图 1–23）**

磨刀棒是一种质地粗糙的长铁棒，磨刀时刀刃与刀棒呈 45°。

图 1–22　肉刀和肉叉

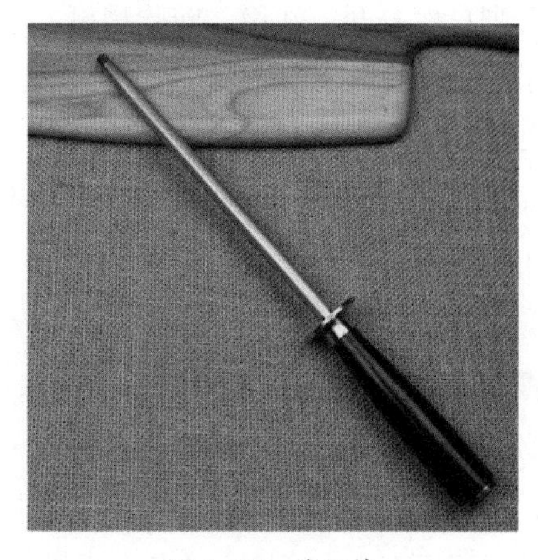

图 1–23　磨刀棒

## 二、西餐刀工的基本要求

1. 姿势正确，保持精神集中。
2. 与烹调要求密切配合。
3. 刀法的选择适应原料的特性。
4. 经切割加工的原料整齐均匀、符合规格。
5. 经切割加工的原料清爽利落、互不粘连。
6. 在加工过程中，合理使用原料，做到物尽其用。
7. 安全卫生操作，做好保管工作。

## 三、西餐刀具的选择

**1. 看**

刀背和刀刃无弯曲现象，且刀刃平直，刀身平整光洁，无凹凸现象，以无卷口、夹灰者为好。

**2. 听**

用手指在刀板上用力弹一下，声音清脆者为佳，余音越长越好。

**3. 试**

手握住刀柄，看是否适手、方便。

## 四、持刀的基本操作姿势

### 1. 站立姿势

两脚自然分开，站稳，前胸稍挺，不要弯腰曲背，身体略向前倾，身体与菜墩保持约 10 cm 的距离。

### 2. 持刀姿势

通常以右手握刀，用右手大拇指与中指捏刀身，食指固定于刀背上，其余手指和手掌用力握住刀柄。

### 3. 操作姿势

根据原料的性能，左手按住原料时，用力也分大小。左手按住原料移动的距离与快慢必须配合右手落刀的快慢，两手应紧密且有节奏地配合。切原料时左手四指呈弯曲状，手掌后端要和原料略平行，利用中指第一个关节抵住刀身，将刀有控制地切下，刀刃抬起不可高于中指第一关节，否则易切伤手指。

## 五、西餐刀具的保养

### 1. 了解刀具的形状与功能特点

根据刀具的形状与功能特点，运用正确的磨刀方法，保持刀刃锋利且光亮，保证刀刃具有一定的弧度。

### 2. 刀工操作时应仔细谨慎、爱护刀具

片刀不宜砍、斩，切刀不适合砍大骨；运刀时，以能断开原料为宜；合理地使用刀刃的部位；落刀时，如果遇到阻力，不可强行操作，应该及时清除障碍物，不得硬切或者硬片，防止伤及手指或者损坏刀刃。

### 3. 刀具用完后的清理注意事项

用完刀具后，必须在热水中将其洗净并擦干。最后应挂在刀架上，不可随手乱放，避免将刃口碰损。禁止将刀砍在菜墩上。

# 单元测试题

## 一、填空题（请将正确的答案填在横线空白处）

1. 刀工是指根据______与______的需要，将各种原料加工成一定形状，使之成为组配菜肴所需要的基本形态的操作技术。

2. 刀具根据其作用来分，一般可分为______、______、______、______等。

3. 刀工主要是对完整原料进行______，使之成为组配菜肴所需要的基本形态。

4. 厨房内四大工种分别是______、______、______、______。

5. 磨刀石通常分为______和______。

6. 刀具的选择从______、______、______三个方面来鉴定。

7. 刀不能______或在砂轮上打磨，以免影响刀的淬火。

8. 刀刃轻轻放在拇指手指肚上轻轻横拉一下，如有______，表示刀刃已锋利。

9. 刀用完后，必须将刀在______中洗净，擦干。

10. 正确的放刀位置应当是：每次操作完毕以后，应将刀具放置墩面，刀口向______，前不出尖，后不露柄。

11. 直刀法是指刀与墩面或刀与原料接触面呈______°，即始终保持刀具垂直的行刀技法。这种刀法按照用力大小的程度，可分为切、______、剁等。

## 二、判断题（下列判断正确的请在括号内打“√”，错误的请打“×”）

1. 刀具根据其作用来分，一般可分为劈刀、斩刀两种。（　　）

2. 刀用完后，可以用洁布擦干或涂少许油，防止氧化，失去光度和锋利度。（　　）

3. 菜墩用完后应刮洗干净，竖起，用洁布罩好，放在通风处备用。（　　）

4. 刀工就是根据烹调和食用要求，运用各种刀法将原料加工成一定形态的操作过程。（　　）

5. 刀工技法亦称刀法，是将烹饪原料加工成不同形状的行刀技法。（　　）

6. 油石是青砂石。（　　）

7. 片刀宜用来砍切。（　　）

8. 刀用完之后要挂到刀架上，不要随手乱扔。（　　）

9. 刀工技术不仅能对菜肴进行造型美化，而且可以丰富菜肴的种类。（　　）

10. 哪一边用刀多一些就要多磨一下。（　　）

11. 双刀剁的技术要求是：操作时，用手腕带动小臂上下摆动，挥刀将原料剁碎，同时要勤翻面。（　　）

12. 韧性原料多指动物性原料，因其品种、部位不同，韧性的强弱程度也不尽相同，包括韧性强的原料和韧性弱的原料。（　　）

## 三、单项选择题（下列每题的选项中，只有1个是正确的，请将其代号填在括号内）

1. 原料切割成型是指运用刀具对烹饪原料进行（　　）。

A. 切配　　B. 切割

C. 加工处理　　D. 切割加工

2. 刀工主要是对完整原料进行分解切割，使之成为（　　）所需要的基本形态。

A. 菜肴　　B. 单独　　C. 组配菜肴　　D. 烹饪

3. 菜墩使用后应清洗干净，并（　　）在案板上。

A. 平放　　B. 倒放　　C. 斜放　　D. 立放

4. 木质的新菜墩在使用前应先用（　　）浸泡。

A. 盐水　　B. 碱水　　C. 醋水　　D. 清水

5. 反斜刀法右侧的角度一般是（　　）。

A. 50° ~ 60°　　B. 40° ~ 50°

C. 70° ~ 80°　　D. 130° ~ 140°

6. 下列选项中哪项不是自动化刀具的特点（　　）。

A. 规格大小一致　　B. 价格低

C. 加工速度快　　D. 加工工艺优良

**四、多项选择题（下列每题的选项中，至少有 2 个是正确的，请将其代号填在括号内）**

1. 木质的菜墩多用（　　）制成。

A. 银杏树　　B. 泡桐树　　C. 合成板

D. 桃树　　E. 柳树　　F. 榆树

2. 按形状来分，刀可分为（　　）、斧形刀等。

A. 片刀　　B. 方头刀　　C. 剃刀

D. 圆头刀　　E. 马头刀　　F. 尖头刀

3. 片刀的特点有（　　）。

A. 刀身较窄　　B. 刀刃较长　　C. 体薄而轻

D. 刀口锋利　　E. 使用灵活方便　　F. 刀身厚重

4. 切刀最宜用于切（　　）。

A. 块　　B. 片　　C. 条

D. 丝　　E. 丁　　F. 粒

5. 粗磨刀石的主要成分是（　　）。

A. 黄砂石　　B. 红砂石　　C. 青砂石

D. 白砂石　　E. 绿砂石　　F. 紫砂石

## 五、简答题

1. 刀工的作用有哪些？

2. 如何检验磨刀效果？

3. 磨刀姿势的注意事项有哪些？

4. 锯切技术要求有哪些？锯切适合加工哪种原料？

## 六、操作题

请使用正确的磨刀方法磨制刀具。

# 单元测试题答案

## 一、填空题

1. 烹调　食用　2. 片刀　切刀　斩刀　前劈后斩刀　3. 分解切割　4. 墩子　配料　炉子　面点　5. 粗磨刀石　细磨刀石　6. 看　听　试　7. 干磨　8. 涩感　9. 热水　10. 外　11. 90　砍

## 二、判断题

1. ×　2. √　3. √　4. √　5. √　6. ×　7. ×　8. √　9. √　10. ×　11. √　12. √

## 三、单项选择题

1. D　2. C　3. D　4. A　5. D　6. B

## 四、多项选择题

1. AEF　2. BDEF　3. ABCDE　4. ABCDEF　5. AB

## 五、简答题

1. 便于烹调和入味，使食材便于食用、整齐美观。

2. 检验刀磨得是否合格，一种方法是将刀刃朝上，两眼直视刀刃，如果刀刃上看不见白色的光泽，就表示刀已磨锋利了，如果有白痕，则表明刀有不锋利之处；另一种方法是把刀刃轻轻放在拇指手指肚上轻轻横拉一下，如有涩感，表示刀刃已锋利，如刀刃在手指肚上有光滑感觉，则表明刀刃还不锋利，仍需继续磨。

3. 磨刀时要求两脚自然分开或一前一后站稳，胸部略向前倾，收腹，重心前移，一手持刀柄，一手按住刀身，目视刀身。

4. 刀与墩面保持垂直，刀在前后运行时用力要小，速度要缓慢，动作要轻松，还要注意刀在运行时的压力要小，避免原料因受压过大而变形。锯切适合加工质地松软的原料，如面包、馒头等。对软性原料，如酱猪肉、酱牛肉、酱羊肉、黄白蛋糕等，也适用这种刀法加工。

## 六、操作题

注意点：磨刀姿势、动作要点、磨刀方法。

# 烹饪切配常用刀法

## 引导语

刀法，即烹饪刀工技术，是一种行刀技法。按照烹饪菜肴的不同需要，可以用刀法将各种原料加工成一定的形状。刀法是菜肴成品质量的关键，也是厨师刀工水平的直观体现。因此，掌握好刀工刀法相关知识，对于烹饪实践具有指导意义。

刀法有很多种类，各地关于刀法的名称与操作方法也不尽相同。本单元将依据刀刃与原料的接触角度，以及运刀的方向、用力的大小，分别介绍切配常用的直刀法、平刀法、斜刀法和剞刀法的相关应用，在此基础上介绍其他刀法相关应用作为拓展延伸。

## 培训目标

熟悉基本刀工刀法的种类

掌握不同刀工刀法的具体适用范围

能在实践中根据原料的性质合理运用刀法对原料进行切割加工

# 第1节　直　刀　法

## 一、概述

直刀法是刀刃和菜墩面或原料基本保持垂直运动的刀法。直刀法按照用力大小的程度，可以分为切、劈（砍）、剁（斩）等。

## 二、操作

### 1. 切

切适用于无骨无冻的原料，是直刀法中刀的摆动幅度最小的刀法。切又可以分为直切、推切、拉切、锯切、铡切、摇切、滚切等各种刀法。

（1）直切

【操作方法】左手将原料按住，右手握刀，将刀刃的中前部对准原料即将被切的部位，刀体垂直落下，一刀一刀切断原料，如图 2–1 所示。

【适用范围】适用于加工质地脆嫩的原料，如新鲜的白菜、胡萝卜、番茄、韭黄、豆腐、茭白、藕等。

【操作要领】需要两只手配合，达到协调并有节奏的程度，自然弯曲左手指，呈弓形，按住原料，随着刀的起伏自然向后移动，移动的间距要相等。右手落刀的距离以左手向后移动的距离为准，把刀紧贴着左手中指的指背向下切动。下刀一定要垂直，不能偏斜刀刃，用力要均匀，否则原料形状会被切得粗细不均、厚薄不一。

（2）推切

【操作方法】用左手按住原料，用中指的第一个关节顶住刀膛；右手握刀，把刀刃的前部对准原料将要被切的位置，刀体垂直落下，在原料被刀刃切入后，立即将刀刃从右后方向左前方推切下去，到原料断裂为止，如图 2–2 所示。

【适用范围】适用于加工各种具有韧性的原料，如无骨的新鲜猪肉、羊肉、牛肉等。通过推切的方式可以较易切断韧性原料的纤维。

图 2–1　直切

图 2–2　推切

【操作要领】左手按住原料，不能滑动，否则原料所成形状不整齐。刀体垂直落下的同时，立刻把刀往前推，必须将原料一次性切断，否则就会连刀。

（3）拉切

【操作方法】左手按住原料，用中指第一个关节顶住刀膛，把刀刃后部位对准原料将要被切的位置，刀体垂直而下，在原料被刀刃切入后，立即将刀刃从左前方向右后方拉切下去，到原料断裂为止，如图 2–3 所示。

【适用范围】适用于加工各种韧性原料，如无骨的新鲜猪肉、羊肉、牛肉。

【操作要领】与推切基本相同。左手需要按住原料，一次性切断。

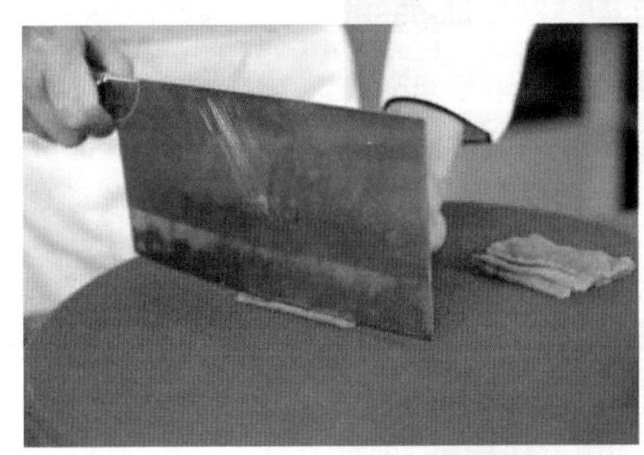

图 2–3　拉切

（4）锯切

【操作方法】先把刀往前推，接着再向后拉动，重复这样操作，如同拉锯一般直到原料被切断，是一种把推切和拉切连贯起来的慢速操作方法，如图 2–4 所示。

【适用范围】适用于加工松软易碎的原料，如面包、熟肉等。有些质地较硬的原料也可用锯切，如火腿、羊肉片（因原料未完全解冻，较硬）。

【操作要领】若是质地松散的原料，不能过快地下刀，用力也不能过重，以免原料被切得碎裂或变形。落刀一定要垂直向下，否则原料不成形状，厚薄也不统一。

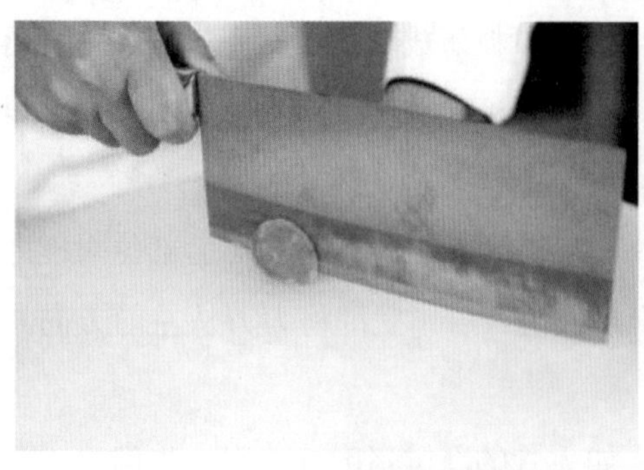
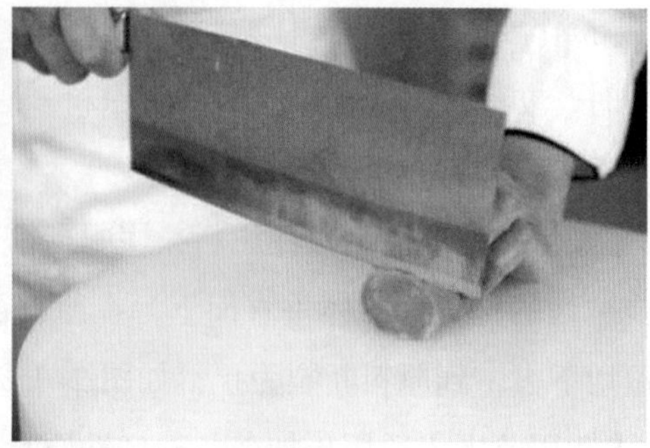
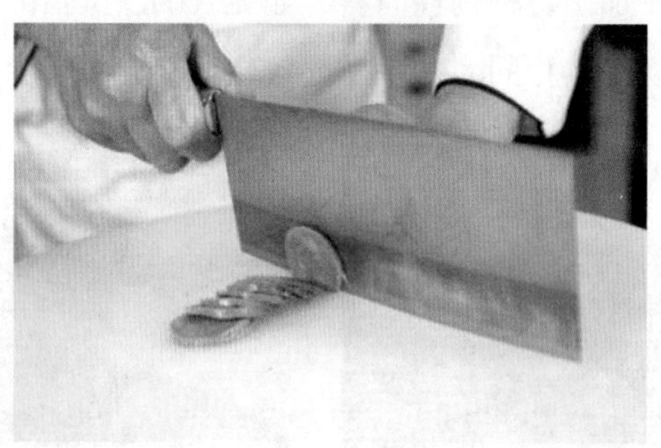

图 2–4 锯切

（5）铡切

【操作方法】右手握住刀柄，将刀刃前端垂下靠着菜墩，提起刀后部，将被切原料放在刀刃的中部用左手按住，右手则用力压切下去，一次性切断原料，如图 2–5 所示。

【适用范围】适用于加工带细小骨头、带壳或形圆体小易滚动的原料，如螃蟹、熟蛋等。

【操作要领】落刀动作要快，位置要准，刀刃不得移动，要贴紧原料，以使原料能够形状整齐、切面光滑，并且原料内部汁液不易溢出。

（6）摇切

【操作方法】右手握住刀柄，左手握住刀背前端，把刀刃对准要切的部位，两手交替用力压切下去。操作时刀的一端需要靠在菜墩上，一端提起，如果是左手切下去，那么右手提上来；同样，右手切下去，则左手提上来。反复多次摇切，直至将原料切碎为止，如图 2–6 所示。

【适用范围】适用于将形状圆、形体小、容易滑动的原料加工成碎粒，如花椒、花生、核桃肉等。

【操作要领】在上下摇切时，需要始终保持刀的一端靠着菜墩面（因为原料小并易动，若刀刃全部离开菜墩面原料会被带得跳动分散）。同时，刀要向四周运动，并将原料向中间靠拢，用力一定要均匀，这样才能使原料保持形状整齐，大小一致。

图2-5　铡切

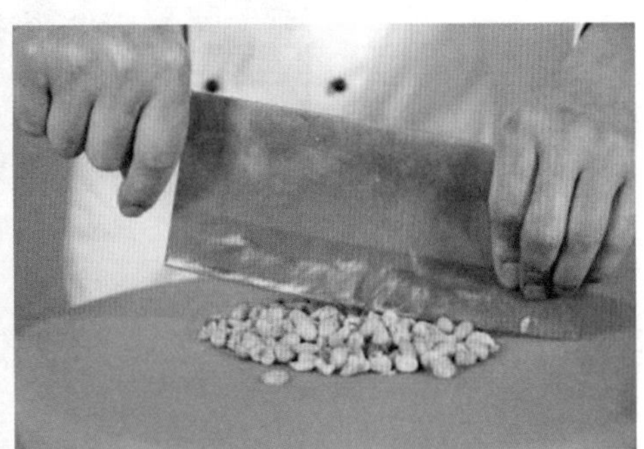

图2-6　摇切

（7）滚切

【操作方法】左手按住原料、右手握住刀柄，每切一刀，需要滚动一次原料，如图 2–7 所示。

【适用范围】适用于将圆形、圆柱形、圆锥形的原料加工成“滚料块”（俗称“滚刀块”）。

【操作要领】左手滚动的原料斜度要适中，右手紧跟原料的滚动以一定的角度切下去。加工同一种块形时，刀的角度要基本保持一致，这样加工后的原料形态才能整齐划一。

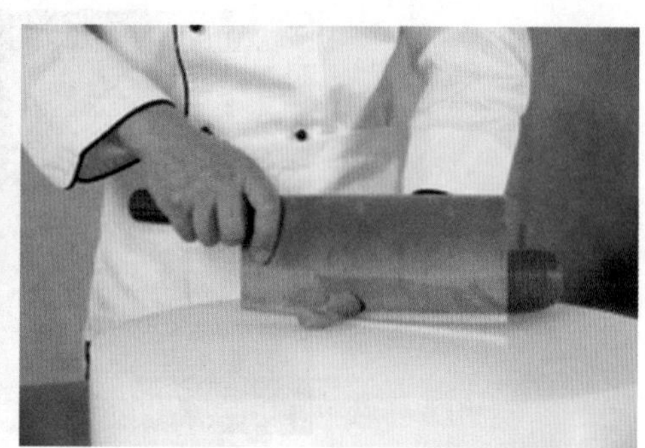
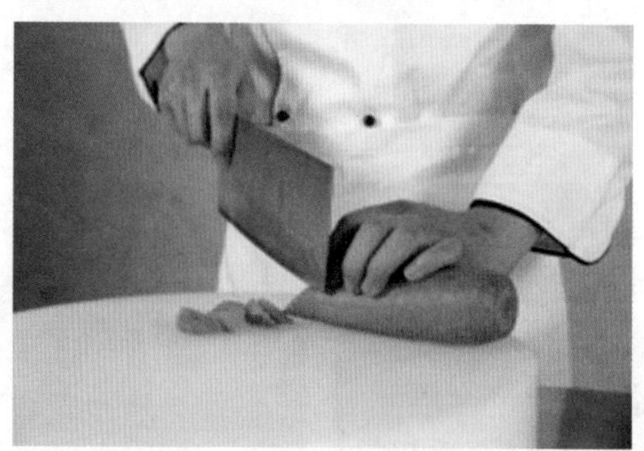

图 2–7　滚切

**2. 劈（又名砍）**

劈是直刀法中幅度和用力最大的一种刀法，其适用于加工质地坚硬或带大骨的原料。劈又分为直劈、跟刀劈、拍刀劈等刀法。

（1）直劈

【操作方法】将刀对准原料需要劈的部位，用力地向下劈砍，把原料劈断，如图 2–8 所示。

【适用范围】适用于加工带硬骨、大骨的动物性原料以及质地坚硬的冰冻原料，如冰冻的肉类、鱼类，带骨的猪肉、羊肉、牛肉等。

【操作要领】原料应放平稳，左手扶住原料，需要离落刀点远些，用力要稳、准、狠，力求一刀就劈断原料，以免原料被多次劈砍后破碎。如果原料较小，落刀时左手要迅速离开，以免被砍伤。

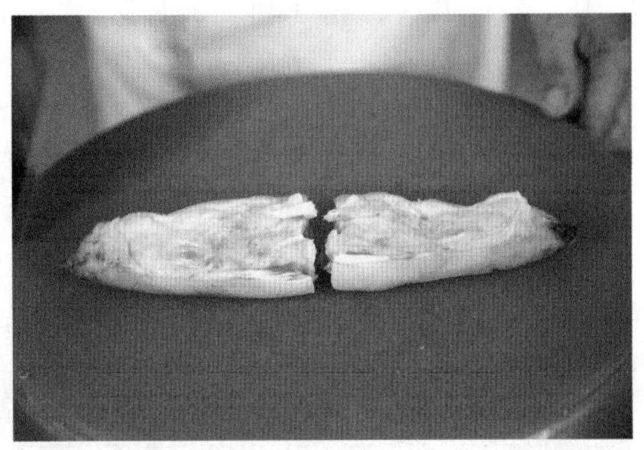

图 2-8　直劈

（2）跟刀劈

【操作方法】左手扶住原料，将刀刃对准要劈的部位，先用右手直劈一刀，使刀刃嵌进原料，然后用左手扶住原料，随着右手上下起落直到将原料砍断，如图 2-9 所示。

【适用范围】适用于加工质地坚硬、骨大形圆以及一次无法砍断的原料，如大鱼头、猪头等。

【操作要领】刀刃必须嵌入原料，左右两手起落的速度应当保持一致，以保证用力砍时原料不会脱落，否则极易引发伤手及砍空等事故。

图 2-9　跟刀劈

（3）拍刀劈

【操作方法】右手持刀，把刀刃停放在原料要劈的部位，按住不动，用左手拳头或手掌用力击打刀背，将原料劈断，如图 2–10 所示。

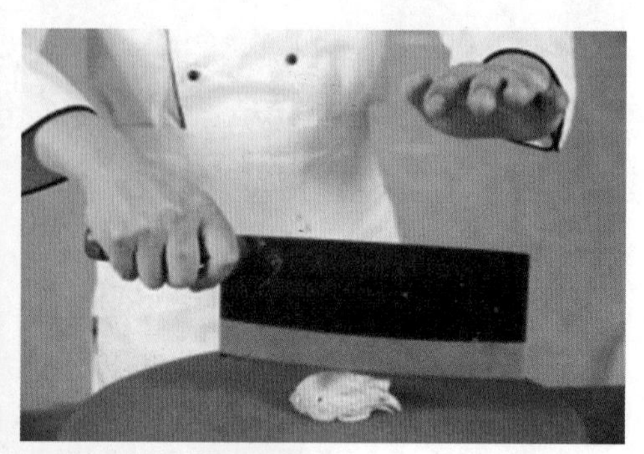

图 2–10　拍刀劈

【适用范围】适用于加工质地坚硬、易滑动、带骨形圆的原料，如鸡头、鸭头等。

【操作要领】为了不让原料移动，刀刃必须要牢牢按放在原料被劈的部位。左手击打刀背应有力、准确、迅速。

**3. 剁（又称斩）**

剁是刀刃与菜墩面以及原料基本保持垂直运动，把无骨原料制成茸泥的一种刀法。用一把刀剁称为单刀剁，用两把刀剁称为排剁。通常用两把刀同时操作来提高工作效率。

【操作方法】两手各握一把刀，两刀之间要间隔一定距离；两刀一上一下，从左到右再从右到左反复排剁，剁到一定程度时要翻动原料，将原料剁至细而均匀的茸泥状为止，如图 2–11 所示。

【适用范围】适用于所有无骨原料，如无骨的猪肉、羊肉、牛肉和大白菜等蔬菜。

【操作要领】排剁的时候两手要灵活运用手腕的力量来持刀，刀要有节奏地起落，两刀不能互相碰撞；剁时要不停翻转原料，使加工后的原料均匀细腻；如果出现粘刀情况，可以把刀放进水里浸一浸再剁。

图 2-11　剁

## 第2节 平 刀 法

### 一、概述

平刀法是刀面和原料或者菜墩面大致接近平行运动的一种刀法。平刀法分为平刀片、推刀片、拉刀片、抖刀片、锯刀片、滚料片等，此刀法通常适用于将无骨原料加工成片的形状。

### 二、操作

#### 1. 平刀片（又称平刀批）

【操作方法】左手轻按住原料，右手持刀，将刀身平放，刀面与菜墩面保持平行，刀刃从右向左平批进原料，直至批断原料为止，如图 2-12 所示。自原料底部、靠近菜墩面的部位开始片，是下片法；自原料上端一层层往下片，是上片法。

【适用范围】适用于把无骨的软性原料片成片状，如豆腐、豆腐干、鸡鸭血、肉皮冻等。

【操作要领】若从底部片进，刀的前端应紧贴菜墩面，后端应略微提高，以控制原料成型的厚薄；若从上部片进，左手应扶稳原料，刀身不可忽高忽低。平刀片时的刀身要端平，刀刃片进原料后不可向前或向后移动，防止原料碎裂。

#### 2. 推刀片（又称推刀批）

【操作方法】使用推刀片一般用上片法，左手控制原料，右手持刀，将刀身平放，刀刃自原料右侧片进去，并向左前方推，直至原料被片断，如图 2-13 所示。

【适用范围】适合将脆性原料，如生姜、土豆、冬笋、榨菜等片成片状。

【操作要领】刀刃片进原料后，运刀要快，动作干净利落，一片到底，可更好地保证原料平整。左手按住原料时，食指与中指应稍分开，便于观察原料的厚薄是否合乎要求。

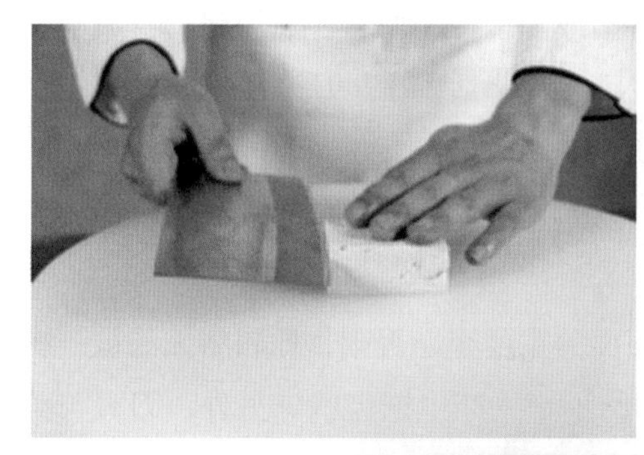
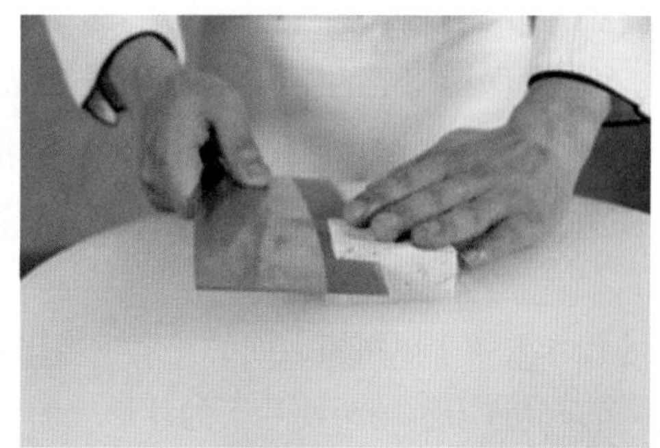

图 2–12　平刀片

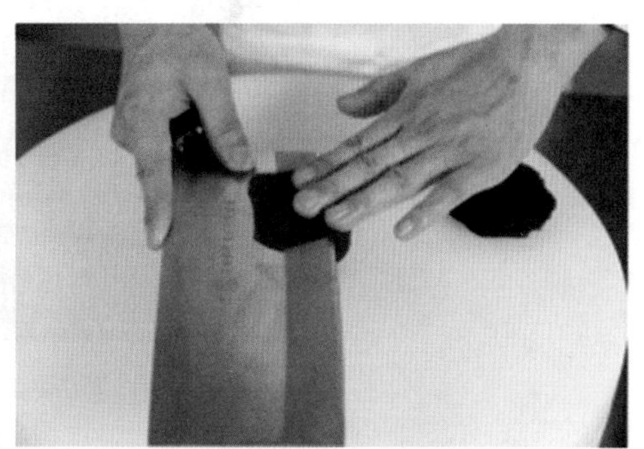

图 2–13　推刀片

**3. 拉刀片（又称拉刀批）**

【操作方法】拉刀片一般用上片法。左手指或手掌控制原料，右手将刀身放平，刀刃与菜墩面保持一定的距离（保证原料成型后的厚薄适中），刀刃片进原料后应立即向后拉动，至原料被片断为止，如图 2–14 所示。

【适用范围】适用于将无骨韧性的原料片成片状，如猪肉、鱼肉、鸡胸脯肉、鱼肉等。

【操作要领】原料横截面的宽度应当比刀面的宽度小，否则，原料将无法被一次片断；若重复进刀，则会使片下的片形表面凹凸不平，产生锯齿状。另外，刀刃与菜墩面的距离应当保持不变，否则，原料成型的厚薄会不均匀。

图 2–14　拉刀片

**4. 抖刀片（又称抖刀批）**

【操作方法】操作过程中，左手手指应分开，并按住原料，右手握住刀柄，从原料的右侧片进，刀刃要向上下均匀地抖动，呈波浪形运动，至原料被片断，如图 2–15 所示。

【适用范围】适用于将质地较软嫩的脆性或无骨原料加工成锯齿片或者波浪片，如蛋白糕、黄蛋糕、黄瓜、豆腐干、猪肾等。

【操作要领】当刀刃片进原料后，上下抖动的幅度要保持一致，切不可忽高忽低；随抖动进深的刀距也要一致，防止原料成型不美观。

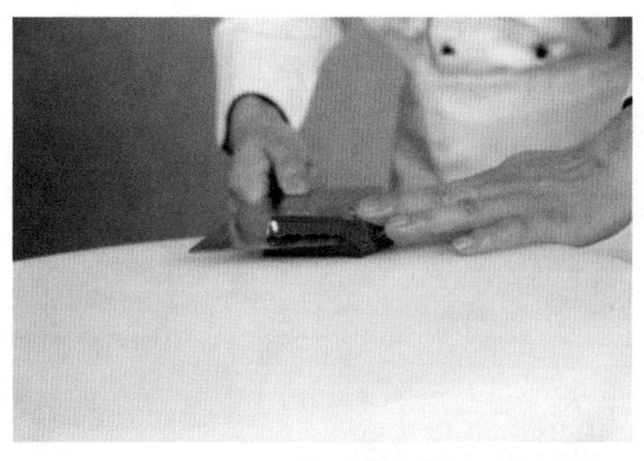
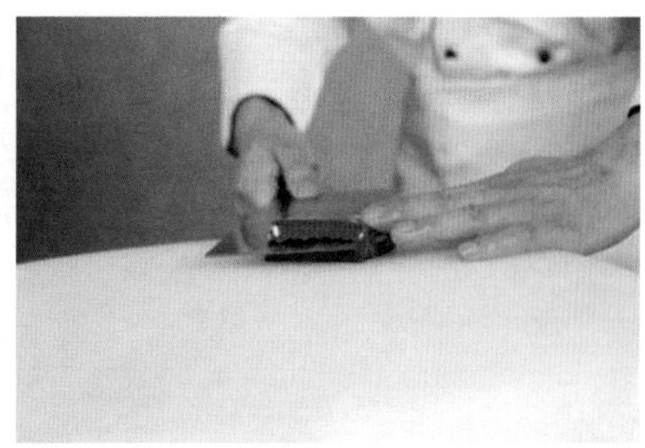
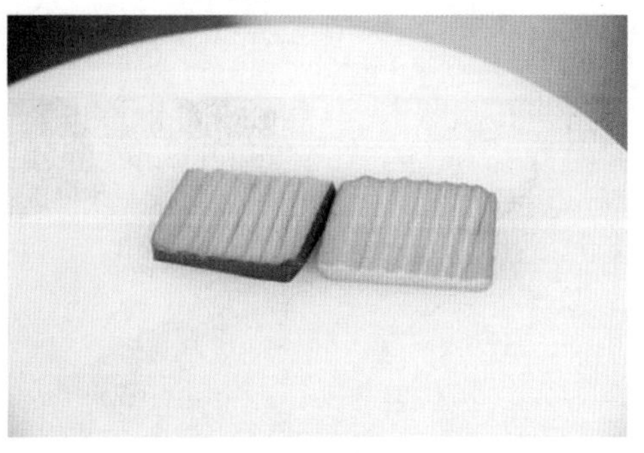

图 2–15　抖刀片

**5. 锯刀片（又称锯刀批）**

【操作方法】锯刀片是指将推刀片和拉刀片连贯起来的刀法。左手控制原料，右手持刀，并将刀刃片进原料后，采用先向左前方推，再向右后方拉，一前一后来回如拉锯的方法，直至原料被片断，如图 2–16 所示。

【适用范围】适用于加工大块、无骨、韧性较强的原料或者动物性的硬性原料，如火腿、大块腿肉等。

【操作要领】操作时，用左手将原料按实按稳，运刀有力，动作协调、连贯，否则，来回锯刀片时原料若滑动容易伤手，且达不到质量要求。

**6. 滚料片（又称滚料批）**

【操作方法】用左手按住原料，右手将刀身放平，刀刃自原料的右侧底部片进，做平行移动，左手扶住原料匀速向左滚动，一边片一边滚，直至原料被片成薄的长条片，如图 2–17 所示。

【适用范围】适用于将圆形和圆柱形的原料，如黄瓜、丝瓜、红肠等加工成长方片。

【操作要领】操作时，两手应协调配合，右手握刀推进的速度和左手滚动原料的速度应保持一致，否则，就会出现中途片断原料甚至伤及手指的情况。另外，刀身要放平，与菜墩面的距离应保持不变，否则，原料成型厚薄不均。

图 2-16　锯刀片

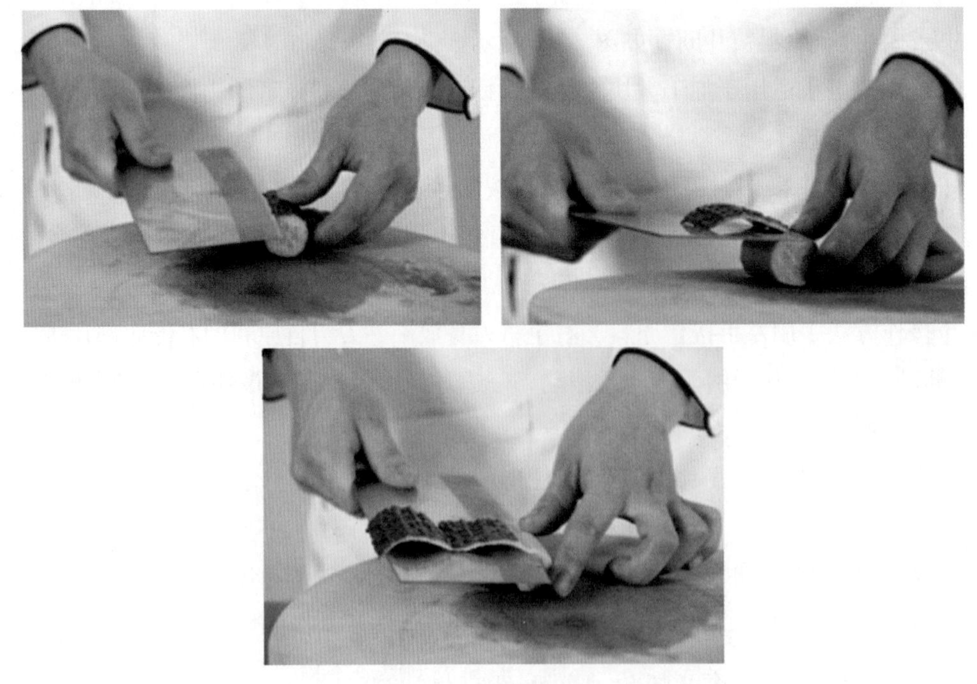

图 2-17　滚料片

# 第3节　斜　刀　法

## 一、概述

斜刀法是指将刀和砧面或原料保持小于90°运动的一种刀法。它主要用于将原料加工成片的形状。根据刀的运动方向，可分为正刀片与反刀片两种类型。

## 二、操作

### 1. 正刀片（又称正刀批或正斜片）

【操作方法】操作时，左手手指按住原料左端，右手则将刀身倾斜，将刀刃向左片进原料后，应立即向左下方运动，直到原料被片断开。每片下一片原料，右手用刀将其拨去，依次重复操作，如图2-18所示。

图2-18　正刀片

【适用范围】此刀法用于将韧性、软性的原料加工成片状。由于正刀片是将刀倾斜片入原料的，切割加工出的片的面积比直刀切的横截面大一些，因此对成型规格片的面积要大、厚度较薄的原料尤为适用。如在加工青鱼片时，鱼肉的厚度无法达到成型规格，那么就需要用正刀片的方法。

【操作要领】操作时，两手的配合要协调，不可随意改变刀的倾斜程度和进刀的距离，以保证片形的厚薄均匀、大小整齐。刀的倾斜程度也应该根据原料的厚薄、大小和成型规格而定。

**2. 反刀片（又称反刀批或反斜片）**

【操作方法】左手按住原料，右手持刀，刀身倾斜呈一定角度，刀背向里，刀刃向外，刀刃相对原料由里向外运动，如图 2–19 所示。

【适用范围】适用于加工软性、脆性原料，如白菜梗、黄瓜、豆腐干等。

【操作要领】操作时，刀应紧贴左手中指的第一关节，然后片进原料，每片一刀，左手向后退一次，左手每次向后移动的距离基本保持一致，以保证片得厚薄均匀、形状一致。

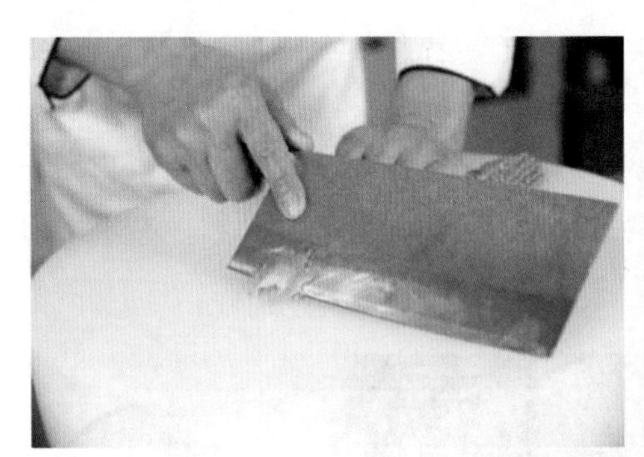

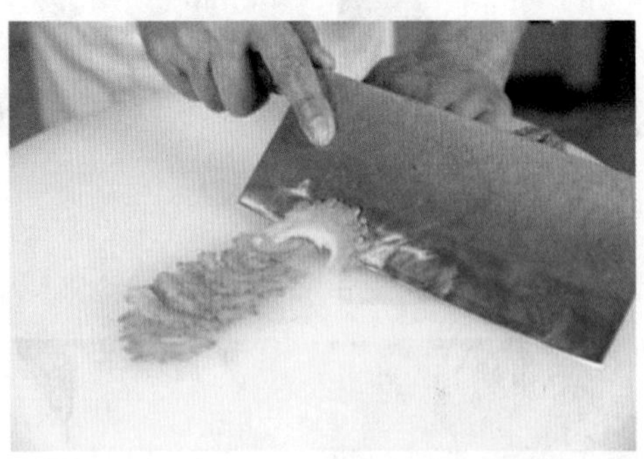

图 2–19　反刀片

## 第4节　剞 刀 法

### 一、概述

剞刀法是在原料表面切或片一些有相当深度而又不断的刀纹，这些刀纹经过加热可成为各种美观的形状，因此又称为花刀，是一种比较复杂的刀法。剞刀法综合运用直刀法、斜刀法、平刀法。用剞刀的方法可使原料成型美观，在烹饪时，原料易于成熟入味，并且能够保持菜肴的脆嫩。剞刀操作的一般要求是：刀纹深浅一致、整齐均匀、距离相等、互相对称。常用的剞刀法分直刀剞和斜刀剞两种。

### 二、操作

#### 1. 直刀剞

【操作方法】直刀剞和直刀法中的直切、推切和拉切（用于韧性原料）基本相似，只是运刀时不要完全将原料切断开，要根据原料的成型规格在刀进深到一定程度时停刀，如图 2–20 所示。

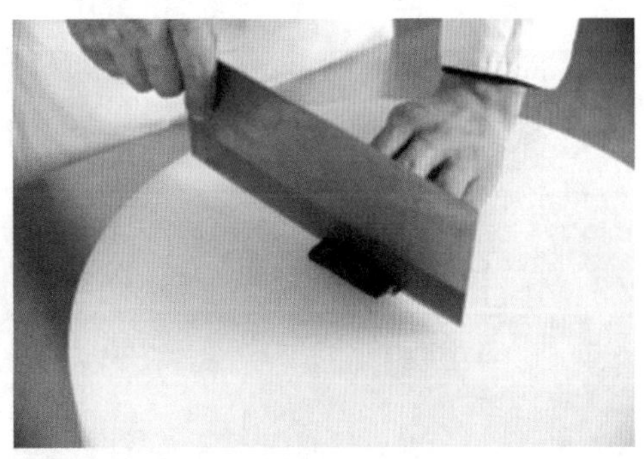

图 2–20　直刀剞

【适用范围及原料成型】这种刀法适用于各种软性、韧性、脆性原料，如黄瓜、豆腐干、猪肾、鸡肫、鸭肫、青鱼、墨鱼等。可将原料制成荔枝形、兰花形、菊花形、柳叶形、十字形等多种形态，也可结合其他刀法将原料切成更多更美观的形状，如松鼠形、麦穗形等。

**2. 斜刀剞**

斜刀剞又分为斜刀推剞和斜刀拉剞两种。

（1）斜刀推剞

【操作方法】斜刀推剞与斜刀法中的反刀片类似，只是在运刀时不完全将原料断开，要根据原料成型的规格在刀进深到一定的程度时及时停刀，如图 2–21 所示。

【适用范围及原料成型】此种刀法适用于加工各种脆性、韧性原料，如猪肉、鱼类等，可结合其他刀法加工出蓑衣形、麦穗形等多种美观形状。

图 2–21　斜刀推剞

（2）斜刀拉剞

【操作方法】斜刀拉剞与斜刀法中的正刀片类似，只是在运刀时不将原料断开，而应根据原料成型的规格在刀进深到一定程度时及时停刀，如图 2–22 所示。

【适用范围及原料成型】这种刀法适用于加工各种脆性、韧性原料，可结合运用其他刀法加工出多种美观的形态，如牡丹形、花枝片、葡萄形、松鼠形、灯笼形等。

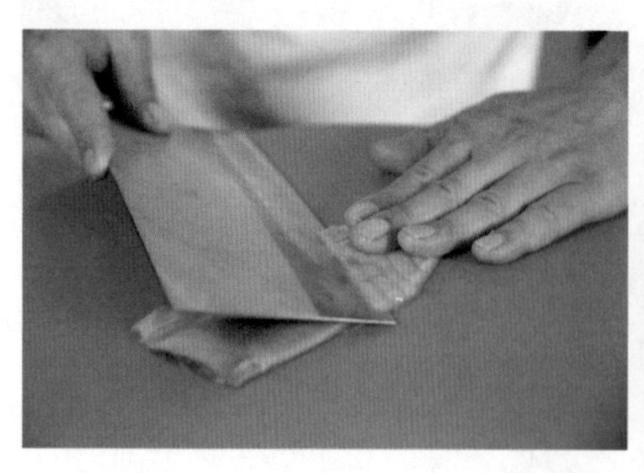
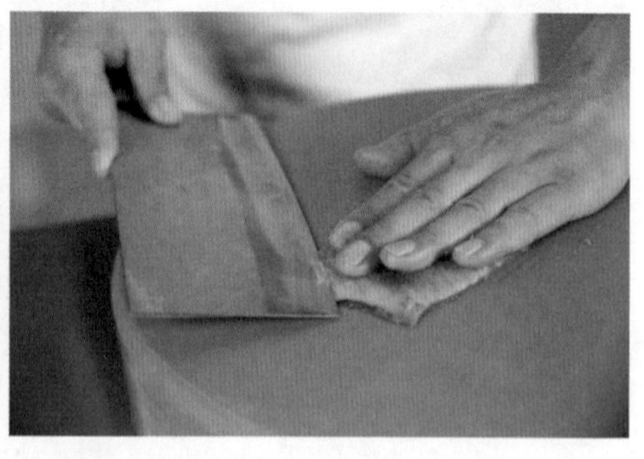

图 2–22　斜刀拉剞

# 第5节　其他刀法

## 一、概述

所谓其他刀法，是指除直刀法、平刀法、斜刀法、剞刀法以外，在刀工实际操作中特殊的刀法，较为常用的有削、刮、旋、剔、剖、斩、捶、剜、拍、揿等几种。

## 二、操作

### 1. 削

削一般用于为原料去皮，即用刀平着将原料的表面一层去掉或加工成一定形状的一种刀法。适用于土豆、莴笋、黄瓜、山药、鲜笋等原料去皮，某些原料外形加工等。

【操作方法】削有两种方法：一种是左手控制原料，右手持刀，用刀对准将要削去的部位，刀刃朝外，一刀一刀按顺序削，如图 2–23a 所示；另一种是左手控制原料，右手持刀，刀刃朝里，对准要削的部位，一刀一刀按顺序削，如图 2–23b 所示。

【操作要领】操作中要掌握好厚薄度，精力集中，看准部位再下刀，否则容易伤到手。

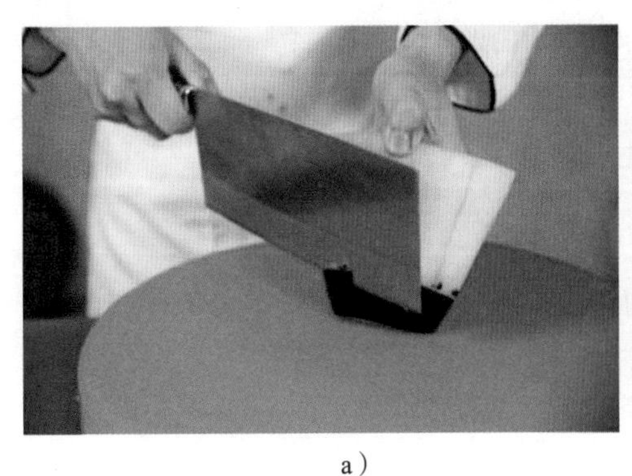

a）

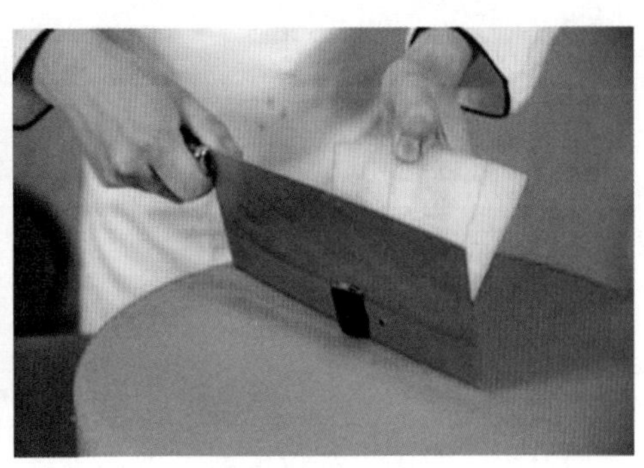

b）

图 2–23　削

2. 刮

用刀将原料表皮污垢或杂质去掉的一种刀法。

【操作方法】制茸时，可用这种刀法顺着原料的纹理把肉刮下来，如制鸡茸、鱼茸等，也可用于将原料的表皮污垢刮干净。一般用于原料的初步加工，如刮鱼鳞、猪蹄等表面的污垢，以及刮去嫩丝瓜的表皮。

【操作要领】操作时，刀身基本保持垂直状态，刀刃接触原料实物，要横着运刀，掌握好力度，左手控制原料要稳，不让原料滑动，如图 2–24 所示。

图 2–24　刮

3. 旋

这种刀法可用于去皮，也可将圆柱形的原料片成薄的长条形，如将原料放在菜墩上加工，即为滚料片。

【操作方法】操作时，左手控制原料，右手持刀，刀刃从原料表面进入，边片边不停地转动原料。

【操作要领】两手的动作要协调配合，使原料成型厚薄大致均匀。

4. 剔

剔刀法一般用于部位取料、取骨等。

【操作方法】在操作过程中，右手执刀，左手固定原料，用刀尖或刀跟沿着原料的骨骼下刀进入，将骨和肉分离，或将原料中的某一部位取下，如图 2–25 所示。

【操作要领】操作时刀路要灵活，下刀要平稳准确，随部位不同可以交叉使用刀尖和刀跟。保证分档正确、剔骨干净、取料完整。

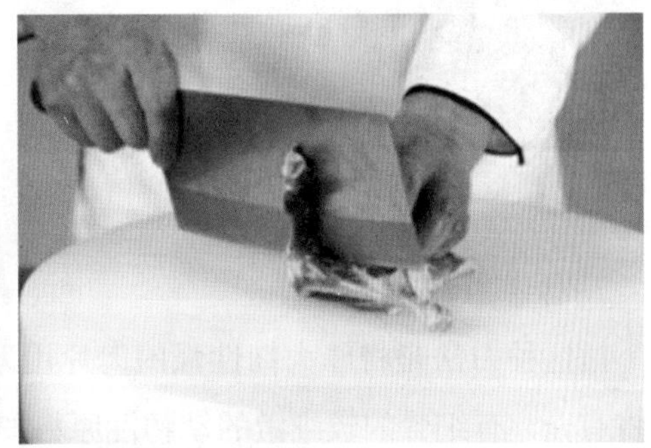

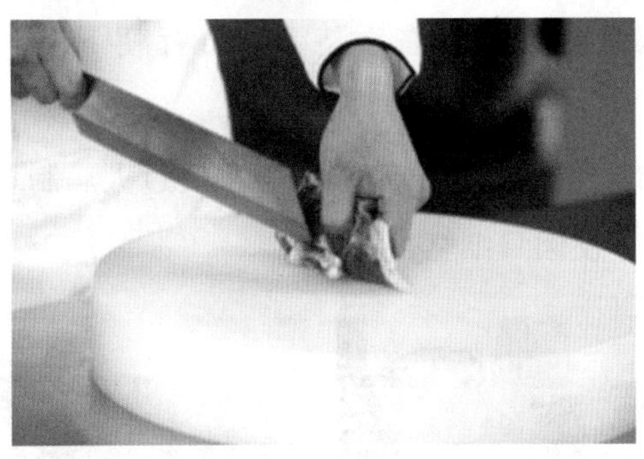

图 2–25　剔

**5. 剖**

剖刀法是一种用刀将整形原料破开的刀法。如对鸡、鸭、鱼等取脏时，应先用刀将其腹部剖开。

【操作方法】在操作过程中，应右手执刀，左手按稳原料，将刀尖与刀刃或刀跟对准原料要剖开的部位，然后下刀划破，如图 2–26 所示。

【操作要领】应根据烹调需要的原料，掌握好刀口的大小和下刀部位。

**6. 斩**

通常用于加工畜、禽等带筋肉的原料，目的是将筋斩断，进而保持原料的整形，以保证原料的松嫩感。

【操作方法】在操作过程中，用刀尖接触原料，将筋斩断，如图 2–27 所示。

【操作要领】应尽可能保证原料形状的完整性。

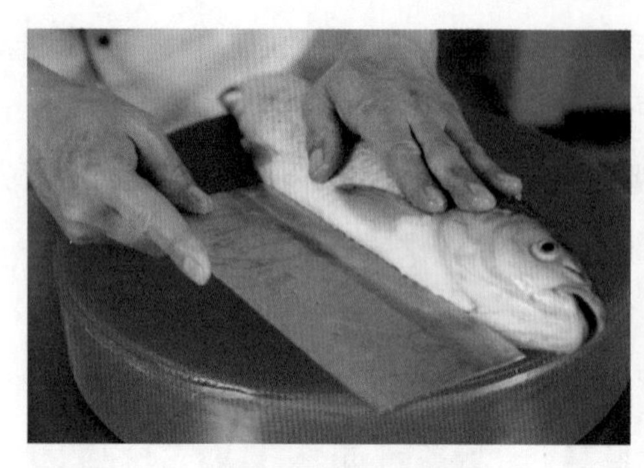

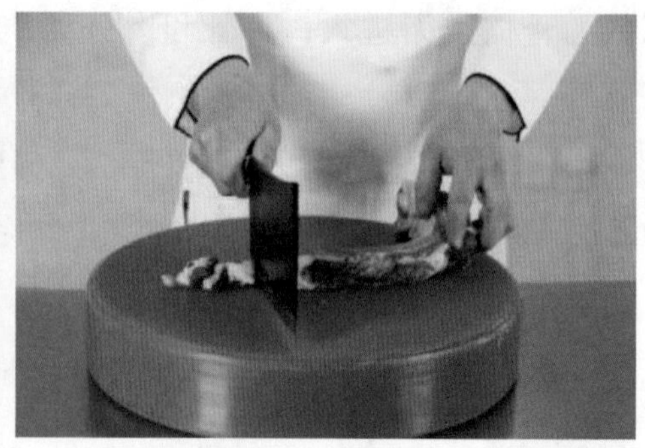

图 2-26　剖

图 2-27　斩

**7. 捶（也称砸）**

捶这种刀法是将厚大韧性强的肉片用刀背捶击，进而使其呈薄型且质地疏松。还可将有壳、有细骨的较细嫩的动物性原料加工成茸，如制鱼茸或虾茸。

【操作方法】在操作过程中，右手持刀，刀背朝下，上下垂直捶击原料，如图 2-28 所示。

【操作要领】运刀时，抬刀不宜过高，用力不要过大。制茸时，应该勤翻动原料，并及时挑出壳或者细骨，使肉茸细腻、均匀。

图 2-28　捶

**8. 剜**

剜是指运用刀具挖空原料表面或原料内部的一种刀法。如剜去梨、苹果核，剜去土豆、山药等表面的斑点。

【操作方法】在操作过程中，左手应抓稳原料，或将原料按稳在菜墩上，用专用的剜勺或刀尖将原料要除去的部分剜去，如图 2-29 所示。

【操作要领】刀具应旋转着操作，两手的动作要协调配合，剜去部分大小要掌握好。

图 2–29　剜

9. 拍

拍是一种用刀身拍破或拍松原料的刀法。此种方法可将较厚的韧性原料拍成薄片，也可使新鲜调味料（如葱、蒜、姜等）的香味外溢，可使脆性原料（如黄瓜、芹菜等）易于入味，可使韧性原料（如猪排、羊肉、牛排）肉质疏松鲜嫩。

【操作方法】在操作过程中，右手应将刀身端平，用刀膛拍击原料，故拍刀又称作拍料，如图 2–30 所示。

【操作要领】拍击原料所用力的大小，应该根据原料性能和烹调的要求加以掌握，以把原料拍松、拍薄、拍碎为原则。拍的时候用力要均匀，并非需要一次成功，可多次拍刀达成目的。

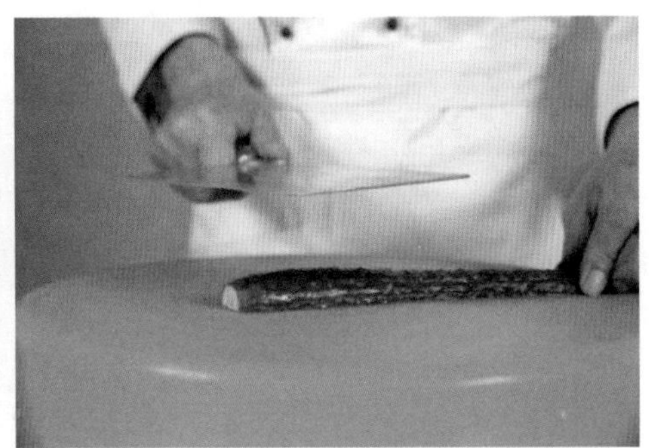

图 2–30　拍

10. 揿

揿是一种将本身是软、烂性的原料加工成茸泥的刀法。如熟山药、熟土豆、豆腐等，要加工成山药泥、土豆泥、豆腐泥。

【操作方法】在操作过程中，将原料放在菜墩上，用刀身的一部分对准原料，自左向右在菜墩上磨抹，使原料形成茸泥，如图 2–31 所示。

【操作要领】刀身的倾斜度接近平行，用刀膛将原料揿成泥。

图 2–31　揿

## 第6节　刀法练习实例及常用烹饪原料切配刀法

### 一、实例

**1. 萝卜切丝**

【刀法】直切法。

【原料】萝卜。

【操作】将萝卜清洗干净，并削去须和蒂，再用刀从中间剖开，先用直切法切成片，然后将片叠好，用直切法将其切成丝，要求粗细均匀，长短相等，刀法练习时越细越好，如图2–32所示。

【用途】炒、拌、炝、氽。

图2–32　萝卜切丝

2. 牛肉切丝

【刀法】推切法。

【原料】无骨净牛瘦肉。

【操作】将牛肉块去筋膜、修齐，并批成大片，将片依次叠排整齐，用推切法将其切成丝，要求粗细均匀，长短相等，刀法练习时尽可能切细一点，如图 2–33 所示。

【用途】爆、炒、煸、汆。

图 2–33　牛肉切丝

3. 猪肉切丝

【刀法】拉切法。

【原料】无骨猪肉（肥瘦均可）。

【操作】将猪肉剔去筋膜并洗净，先锯切成大片，然后将大片依次叠排整齐，再用拉切法切成丝，要求粗细均匀，而且长短相等，如图 2–34 所示。

【用途】炒。

图 2–34　猪肉切丝

4. 火腿切片

【刀法】锯切法。

【原料】熟火腿。

【操作】将熟火腿修切整齐，再用锯切法切成片，要求厚薄一致，刀法练习尽可能切得薄一些，如图 2–35 所示。

【用途】作为配菜，冷菜拼盘。

图 2–35　火腿切片

5. 螃蟹切块

【刀法】铡切法。

【原料】螃蟹（生、熟）。

【操作】用铡切法将螃蟹切成块，根据需要可以切成两块或切成四块，如图 2–36 所示。

【用途】焗、熬酱、醉（熟）等。

图 2–36　螃蟹切块

6. 花椒切末

【刀法】摇切法。

【原料】干花椒粒。

【操作】将花椒粒置于菜墩上，并用摇切法将其切碎，如图 2–37 所示。

【用途】制作花椒盐。

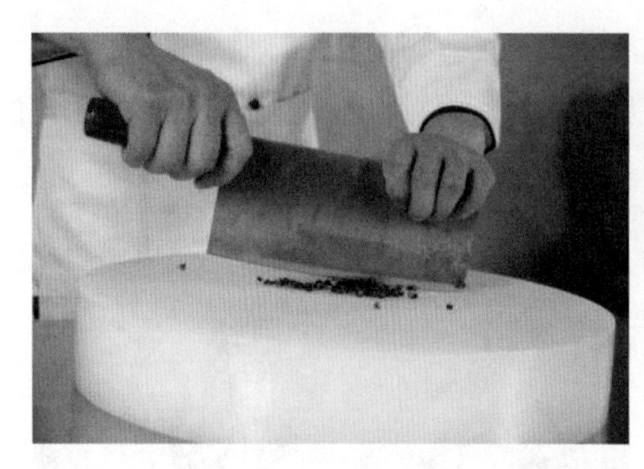
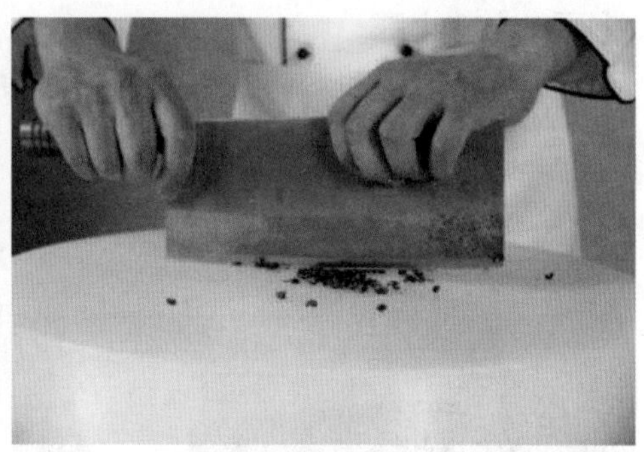

图 2–37　花椒切末

7. 土豆切块

【刀法】滚切法。

【原料】土豆。

【操作】将土豆洗净去皮，并用滚切法切成“滚料块”，如图 2–38 所示。

【用途】烧、拔丝等。

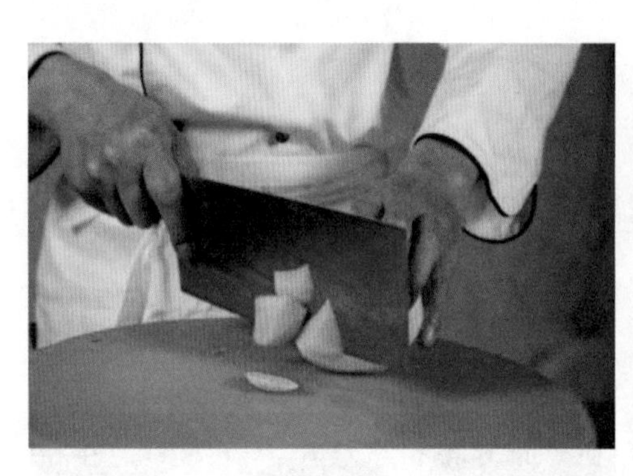
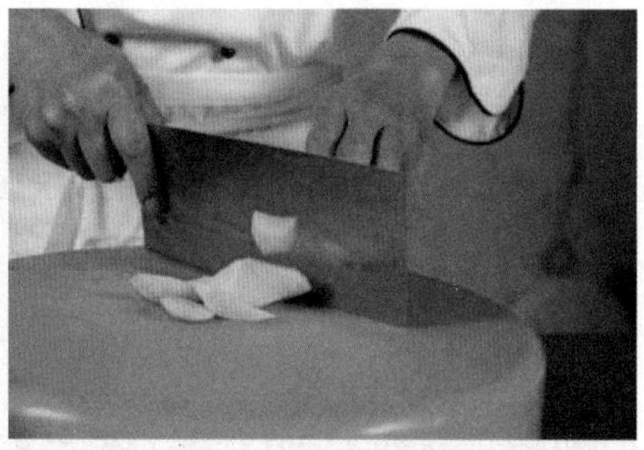

图 2–38　土豆切块

8. 猪肉剁茸

【刀法】排剁。

【原料】无骨猪肉（瘦多肥少）。

【操作】将猪肉剔去筋膜洗净，左右两手同时各持一把刀，以排剁的刀法将其剁成茸泥状，如图 2–39 所示。

【用途】做肉丸，制馅等。

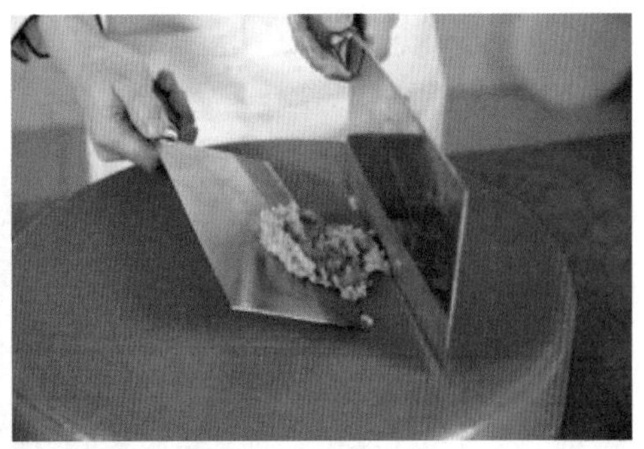

图 2–39　猪肉剁茸

**9. 猪大排剁块**

【刀法】直劈（又称直砍）。

【原料】带骨猪大排。

【操作】将猪大排剔去筋膜，再用直劈法剁成长 3 ~ 4 cm 的段，如图 2–40 所示。

【用途】烧、煨、炸等。

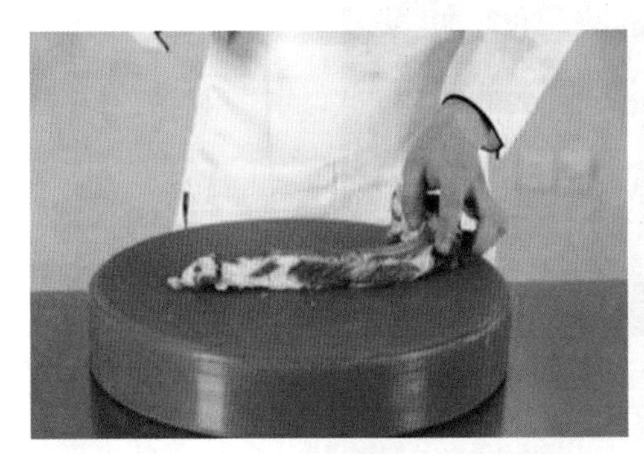
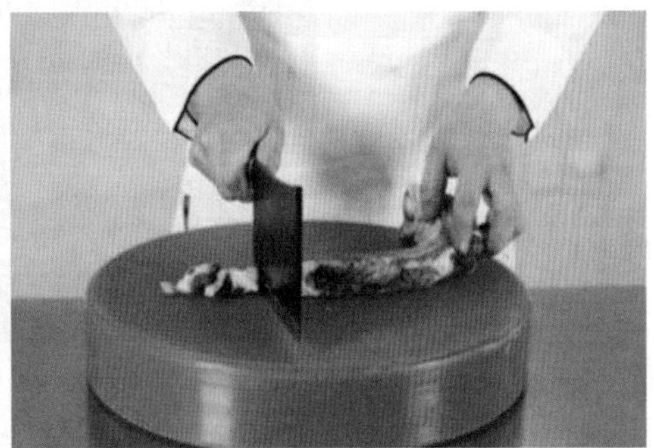

图 2–40　猪大排剁块

**10. 猪蹄分爿**

【刀法】跟刀劈法。

【原料】猪蹄。

【操作】将猪蹄洗净后放在菜墩上，再将刀嵌于两指中间，用跟刀劈法将其劈成两爿，如图 2–41 所示。

【用途】煨、炖、卤、酱等。

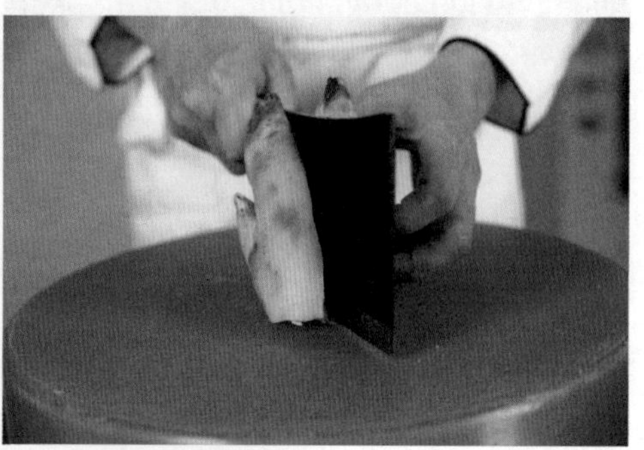

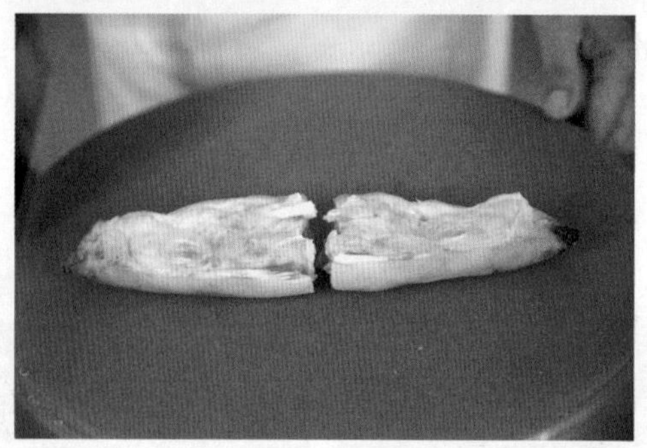

图 2–41　猪蹄分爿

**11. 鸡头分半**

【刀法】拍刀劈法。

【原料】鸡头。

【操作】将鸡头去毛，并清洗干净，放在菜墩上，再将刀按放在鸡头中央，用拍刀法将其劈成两半，如图 2–42 所示。

【用途】炸、烧、酱、卤等。

**12. 豆腐方干片切丝**

【刀法】平刀片法、推切法。

【原料】大方干。

【操作】将大方干平放于菜墩上，再用平刀片成大薄片（越薄越好），然后将方干片依次用瓦楞形排叠法排齐，最后用推切法切成细丝。刀法练习时，要求越细越好，但必须长短一致，粗细均匀，如图 2-43 所示。

【用途】煮、拌等。

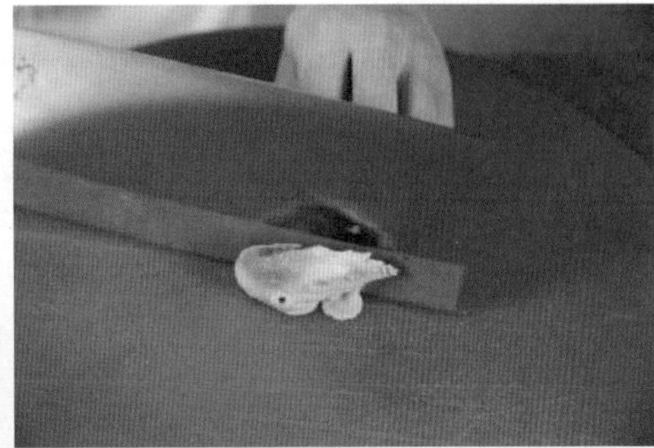

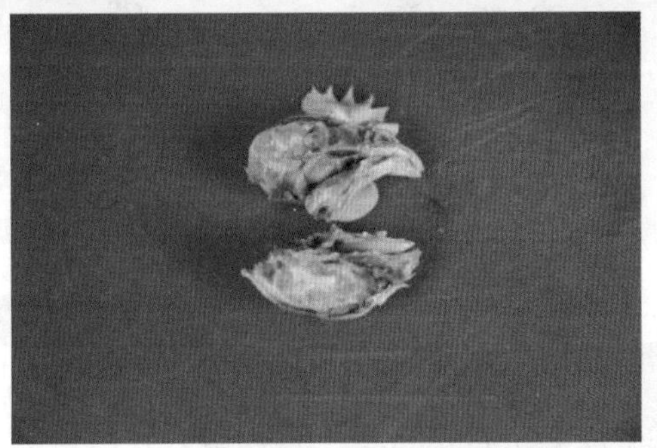

图 2-42　鸡头分半

图 2-43　豆腐方干片切丝

**13. 榨菜切丝**

【刀法】推刀片法、直切法。

【原料】块形榨菜。

【操作】将榨菜洗净、修平整后放在菜墩上，先用推刀将原料片成大片，然后将大片依次排叠整齐，用直切法切成丝，如图 2–44 所示。

【用途】配菜、味碟等。

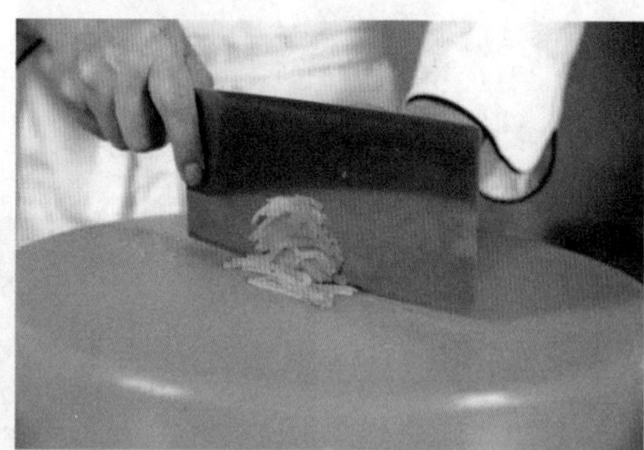
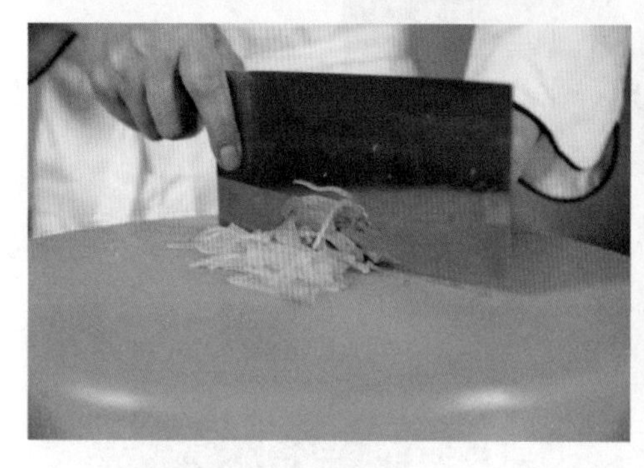

图 2–44　榨菜切丝

**14. 鱼肉片切丝**

【刀法】拉刀片法、推切法、拉切法。

【原料】净鱼肉中段。

【操作】将净鱼肉中段放在菜墩上，再用拉刀片法片成大片，然后将大片排叠整齐，用拉切或者推切法切成丝（鱼丝不宜太细，否则炒制时易碎），如图 2–45 所示。

【用途】炒。

**15. 老葱片雀舌片**

【刀法】反刀片法。

【原料】老葱。

【操作】将老葱去根、去黄叶，再洗净。把葱叶去掉留作他用，将葱白段放在菜墩上，用反刀片将其片成雀舌片，如图2-46所示。

【用途】配菜。

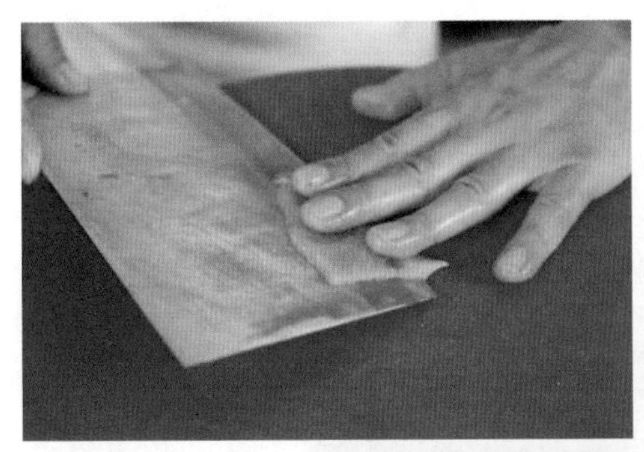
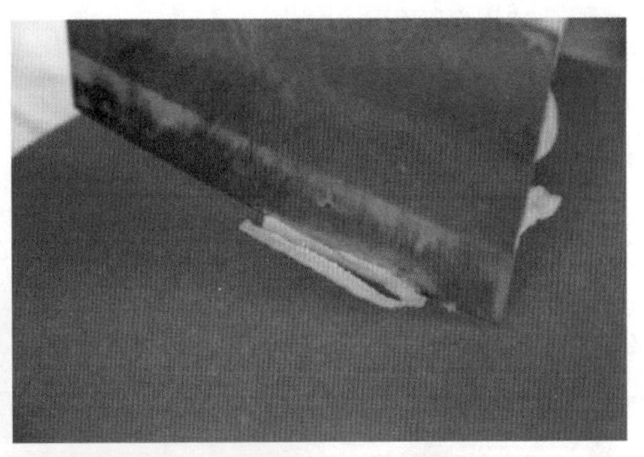

图2-45　鱼肉片切丝

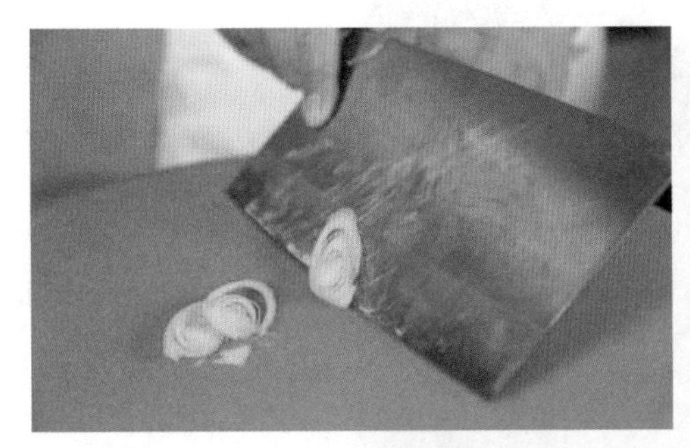
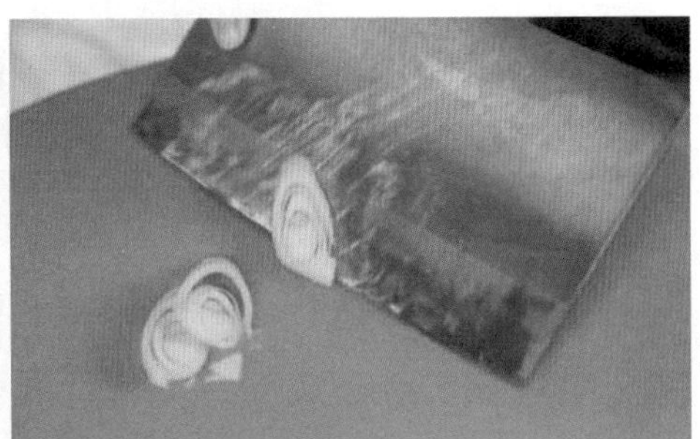

图2-46　老葱片雀舌片

### 16. 猪腰打花刀

【刀法】直刀剞法。

【原料】猪腰。

【操作】将猪腰去外膜，再用刀从中间剖开，批去腰臊，清洗干净，用直刀剞一遍，然后再转动一个角度，用直刀剞一遍，两次刀纹相交叉成荔枝形花刀，再改刀成菱形块，如图 2–47 所示。

【用途】爆、炒、氽、水煮等。

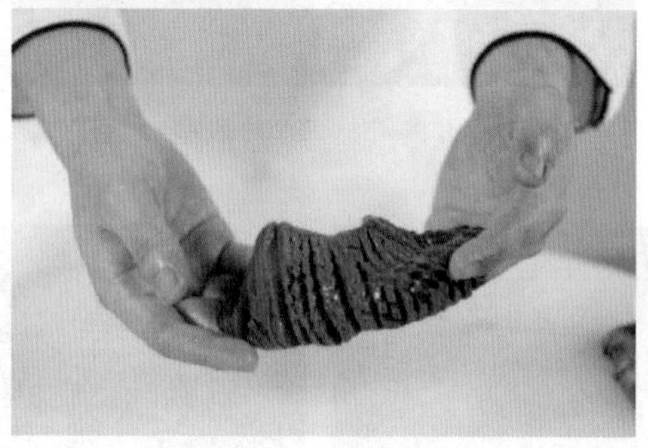

图 2–47　猪腰打花刀

### 17. 鱿鱼打花刀

【刀法】斜刀剞法、直刀剞法。

【原料】水发鱿鱼。

【操作】将水发鱿鱼的外膜撕去，洗掉杂质，再放在菜墩上，在肉面先用斜刀剞刀法剞一遍，然后再转动一个角度，用直刀剞刀法剞一遍，与斜刀剞刀纹相交叉成为麦穗形花刀，如图 2–48 所示。

【用途】爆、炒。

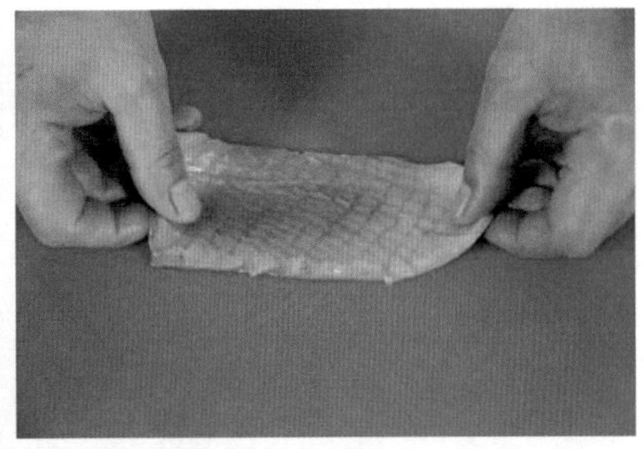

图 2–48　鱿鱼打花刀

**18.** 土豆去皮

【刀法】削法。

【原料】土豆。

【操作】将土豆洗净，再用削刀法去皮，最后根据用途改刀，如图 2–49 所示。

【用途】准备改刀。

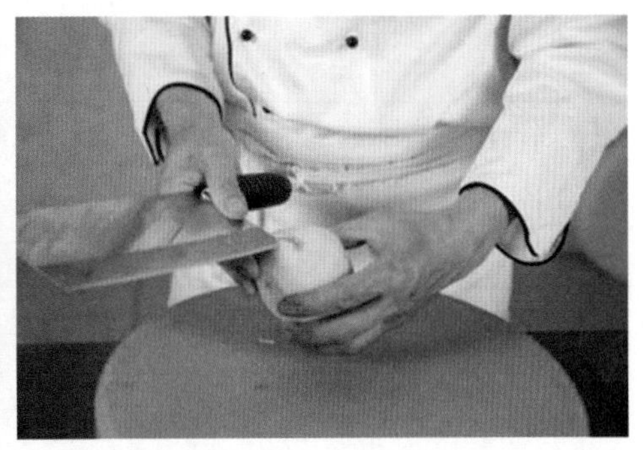

图 2–49　土豆去皮

**19.** 苹果去皮

【刀法】旋法。

【原料】苹果。

【操作】将苹果洗净，左手控制好原料，右手执刀，用旋刀法将皮彻底去净，如图 2–50 所示。

【用途】去皮食用。

**20.** 猪蹄去骨

【刀法】剔法。

【原料】带骨猪蹄。

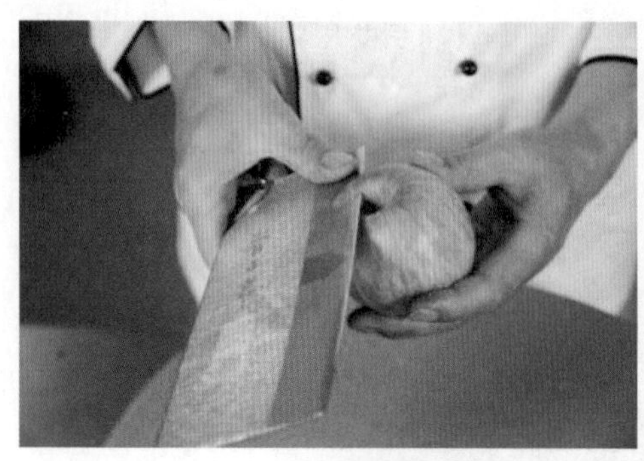
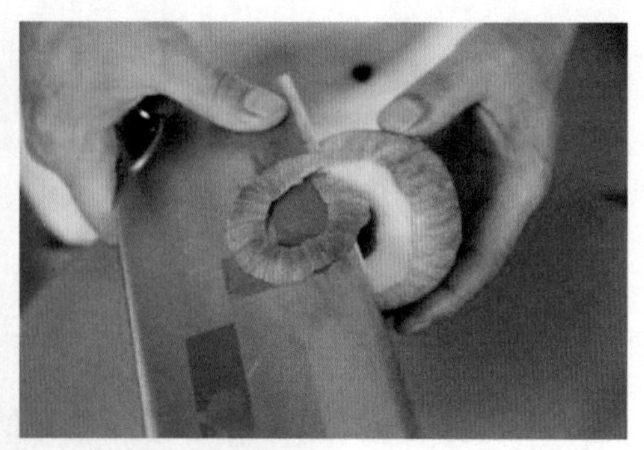
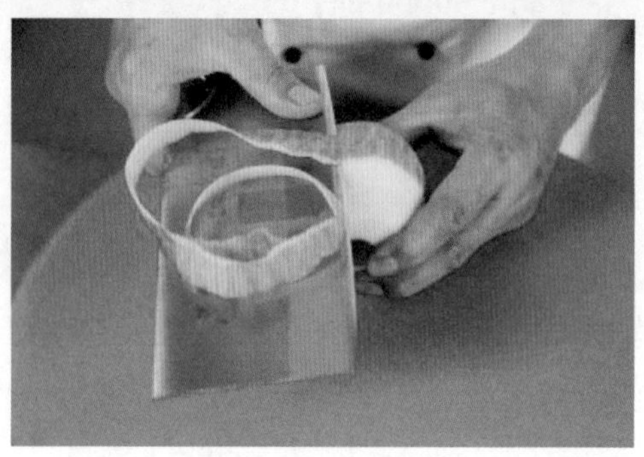

图 2-50　苹果去皮

【操作】将猪蹄放置于菜墩上，再用刀顺着猪蹄骨用剔刀法将骨去除。

【用途】煨、煮、冻等。

**21. 鱼去内脏**

【刀法】剖法。

【原料】鲢鱼（或其他整条鱼）。

【操作】将鱼去鳃、去鳞，结合剖刀法从脊背或腹部将鱼用剖刀法剖开，去其内脏，洗净，如图 2-51 所示。

【用途】鱼的初步加工。

**22. 牛肉去筋**

【刀法】斩法。

【原料】牛瘦肉。

【操作】将牛肉置于菜墩上，然后用刀尖或特殊的尖刀接触原料，将其筋斩断，要求保持原料的整形，目的是保证牛肉的松嫩度，最后再根据烹饪需要改刀，如图 2-52 所示。

【用途】增加牛肉的松嫩度。

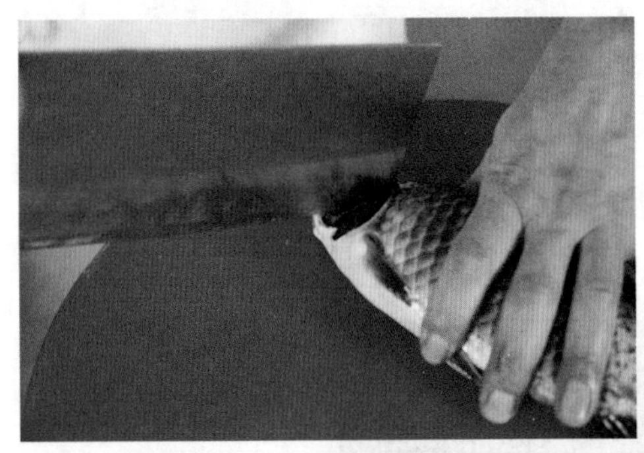

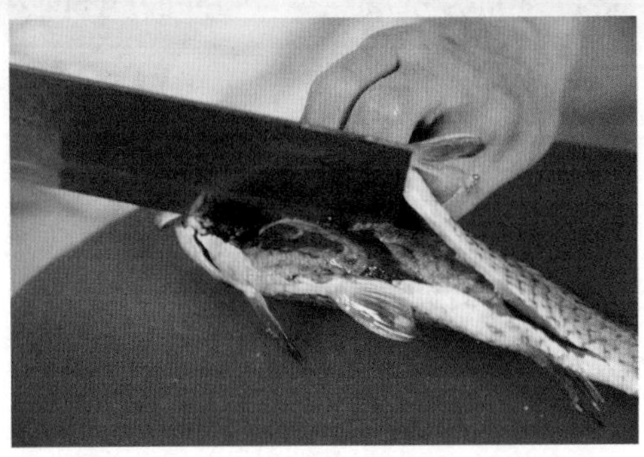

图 2–51　鱼去内脏

图 2–52　牛肉去筋

**23.** 虾仁剁茸

【刀法】捶法。

【原料】虾仁。

【操作】将虾仁拣去杂质，清洗干净，放在菜墩上，再用刀背将虾仁捶成茸状，用刀刃排剁成细茸状，如图 2–53 所示。

【用途】制虾球、虾饼、虾丸等。

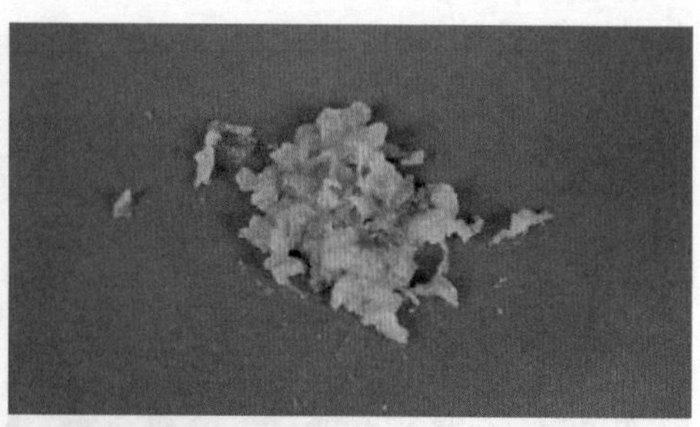

图 2-53　虾仁剁茸

**24. 制冬瓜球**

【刀法】剜法。

【原料】冬瓜。

【操作】将冬瓜去皮、去子，再用专用工具剜勺在冬瓜肉面用剜的方法剜成一个个球形状，如图 2-54 所示。

【用途】烧、烩、炖、蒸，做配菜等。

**25. 姜拍松**

【刀法】拍。

【原料】生姜。

【操作】将生姜去皮洗净，置于菜墩上，刀身平着用拍刀法，将生姜拍破裂或松散，如图 2-55 所示。

【用途】做配料。

**26. 制豆腐泥**

【刀法】揿。

【原料】豆腐。

【操作】将豆腐置于菜墩上，用刀身自左向右将豆腐揿成泥状，如图 2-56 所示。

【用途】拌、制豆腐球、豆腐饼等。

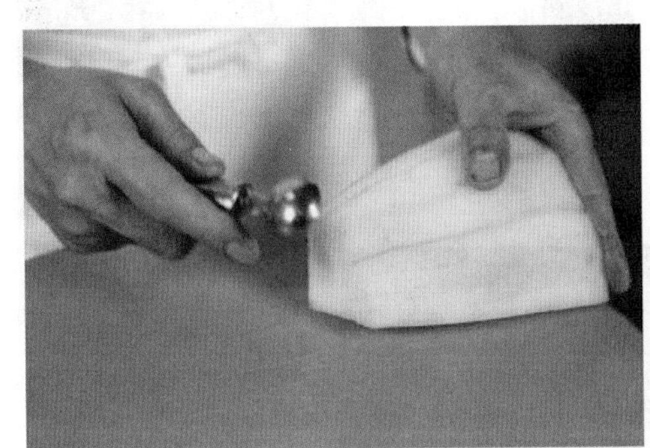

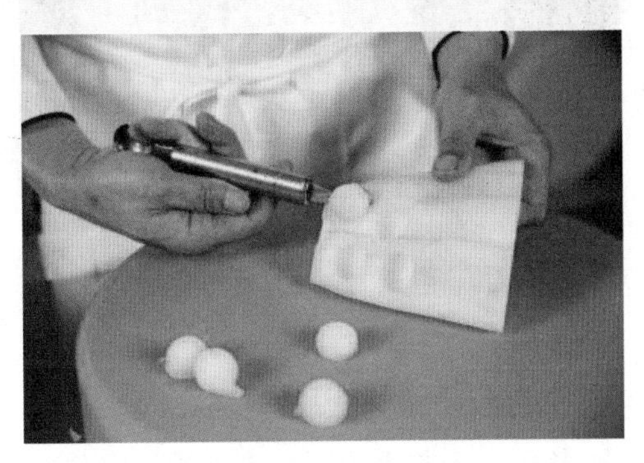

图 2–54　制冬瓜球

图 2–55　姜拍松

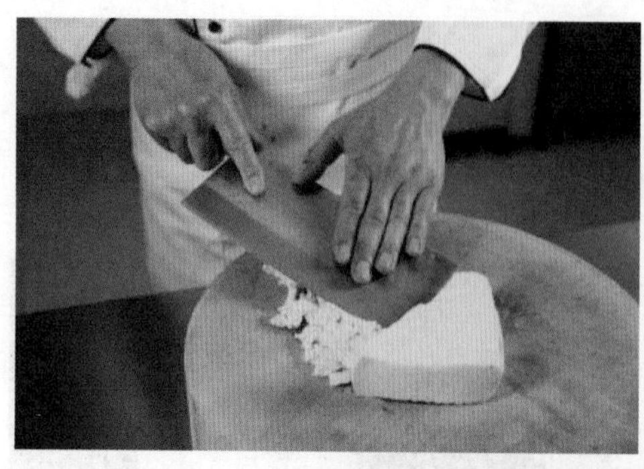

图 2–56　制豆腐泥

## 二、常用烹饪原料的性能与刀法的应用

烹饪原料的性能多种多样、千差万别，一般有脆性、嫩性、韧性、硬性、软性、带壳、带骨、松散性等，根据不同的性能，选择的刀法也不尽相同。

### 1. 脆性原料

常用的脆性原料有青菜、芹菜、韭菜、土豆、黄芽菜、藕、姜、葱、洋葱、胡萝卜、萝卜、慈姑、茭白、黄瓜、芋头等。适用的刀法有直切、滚切、平刀片、排剁、滚料片、反刀片等。

### 2. 嫩性原料

常用的嫩性原料包括豆腐、猪血、鸡血、鸭血、粉皮、凉粉、蛋白糕、蛋黄糕、猪脑等。适用的刀法包括直切、平刀片、排剁、抖刀片、正刀片等。

### 3. 韧性原料

常用的韧性原料包含猪肉、羊肉、牛肉、鸡肉、鱼肉、猪肚、猪肝、猪腰、猪肺、猪心、牛肚、羊肝、鱿鱼、墨鱼等。适用的刀法包括拉切、正刀片、拉刀片、排剁、直刀剞、斜刀推剞、斜刀拉剞等。

### 4. 硬性原料

常用的硬性原料包括咸肉、去骨咸鱼、冰冻肉类、火腿、大头菜等。适用的刀法包括直劈、跟刀劈、锯切等。

**5. 软性原料**

常用的软性原料包括豆制品中的素鸡、豆腐干、厚百叶、煮熟回软的脆性原料（如熟藕、熟冬笋、熟胡萝卜、熟毛笋、熟茭白、熟慈姑等），以及卤牛肉、红肠、方腿、熏圆腿、白煮肉、白煮鸡脯、熟牛肚、熟猪肚等。适用的刀法包括正刀片、推切、推刀片、锯切、滚切、排剁、滚料片等。

**6. 带壳、带骨原料**

常用的带壳、带骨原料有猪肋条、猪大排、猪头、蹄髈、肋排、脚爪、鱼头、海蟹、河蟹、熟鸡蛋、熟鸭蛋等。适用的刀法包括铡切、跟刀劈、拍刀劈、直劈等。

**7. 松散性原料**

常用的松散性原料包含面包、烤麸、水面筋、熟土豆、熟猪肝、熟羊肚等。适用的刀法有拍刀劈、锯切、排剁等。

【小贴士】

**凉拌菜的刀法使用窍门**

正确使用刀法对凉拌菜美观形状的呈现及保存营养成分意义重大。凉拌类菜肴通常使用切刀法，按其施刀方法又分为直切、推切、拉切、锯切、铡切和滚切等。

直切：要求刀具垂直向下，左手按稳原料，右手执刀，一刀一刀向下切。这种刀法适用于土豆、白菜、萝卜、苹果等脆性的根菜及鲜果，此刀法是凉拌菜最常用的刀法之一。

推切：适用于质地较松散的原料。要求刀具垂直向下，在进行切割加工时，刀由后向前推，着力点在刀后端。

拉切：适用于韧性较强的原料。在进行切割加工时，刀与原料垂直，从前向后拉，着力点在刀前端。

锯切：适用于质地较厚实坚韧的原料。若推刀法和拉刀法切不断时，可像拉锯那样，一推一拉来回向下切。

铡切：适和切带有软骨与滑性的原料。着力点在刀后端，使用时，要一手压刀背，一手握刀柄，两手交替用力，以铡断原料。

滚切：使原料呈一定形状的刀法。每切一刀或两刀，就将原料滚动一次，用这种刀法可切出菱角块、梳背块等形状。

切菜前视原料质地软硬程度合理运用刀法，才能达到理想的效果。

## 单元测试题

### 一、填空题（请将正确的答案填在横线空白处）

1. 刀法就是使用不同的刀具将原料加工成一定形状时采用的各种不同的______。

2. 中国烹饪刀工方法发展至今，大致可分为四大类，即______、______、______、______。

3. 直刀法是刀刃朝______，刀与原料和菜墩平面呈垂直角度的一类刀法。

4. 斜刀法分为______、______。

5. 铡切的具体操作方法分为______、______、______。

6. 斜刀法是指运刀时刀身与原料和菜墩呈______的一类刀法。

7. 剞刀法又被称为______。

8. 劈分为______、______、______。

9. 捶是指用______将原料加工成______的刀法。

10. 直刀法分为______、______、______。

### 二、判断题（下列判断正确的请在括号内打“√”，错误的请打“×”）

1. 平刀法分为6种。（　）

2. 拉刀片又被称为“跳刀”。（　）

3. 刮适用于刮鱼鳞、刮丝瓜皮等。（　）

4. 切是在保证刀面与菜墩呈锐角的前提下，由上而下用刀的一种刀法。（　）

5. 交替铡切是右手握住刀柄，将刀刃前段部位放在原料要切的位置上，然后左手掌用力，猛击刀背，使刀铡切下去断料。（　）

6. 劈是直刀法中用力及幅度最大的一种刀法。（　）

7. 滚切是刀与菜墩呈锐角，左手持原料不断向身体一侧滚动，刀做直切运动的连续切法。（　）

8. 抖刀片适用于质地软嫩的原料，如蛋白糕、肉糕、豆腐干、皮蛋。（　）

9. 旋用于去掉原料的外皮。（　）

10. 捶泥时刀身与菜墩垂直，刀背向下，上下捶打原料至其成茸状。（　）

11. 直刀法是刀刃朝下，刀与原料或菜墩平面呈垂直角度的一类刀法。（　）

## 三、单项选择题（下列每题的选项中，只有 1 个是正确的，请将其代号填在括号内）

1. 剞刀的深度一般为食材厚度的（　　）。

A. 1/2　　B. 1/3　　C. 1/4　　D. 1/5

2.（　　）适用于质软、韧、体薄的原料。

A. 斜刀法　　B. 直刀剞

C. 跟刀劈　　D. 锯切

3.（　　）适宜加工体形较大或带骨的动物性原料，如排骨等。

A. 切　　B. 劈

C. 拉刀片　　D. 正刀片

4.（　　）是从左到右依次拖压，务必使原料均匀细腻，无明显颗粒。

A. 揿　　B. 剜　　C. 捶　　D. 旋

5.（　　）不是拉切的操作过程。

A. 左手扶稳原料，用中指第一关节弯曲处顶住刀膛

B. 右手持刀，用刀刃的中后部位对准原料被切位置

C. 刀由上自下，自左前方朝右前方拉切下去，将原料断开

D. 如此反复，拉切至原料切完为止

## 四、多项选择题（下列每题的选项中，至少有 2 个是正确的，请将其代号填在括号内）

1. 平刀法包括（　　）。

A. 拉刀片　　B. 推刀片　　C. 锯刀片

D. 平刀片　　E. 抖刀片　　F. 滚料片

2.（　　）属于斜刀法。

A. 正刀片　　B. 反刀片　　C. 滚料片

D. 抖刀片　　E. 直刀剞　　F. 斜刀剞

3. 劈包括（　　）。

A. 直劈　　B. 直切　　C. 推切

D. 锯切　　E. 跟刀劈　　F. 翻刀切

4. 推拉刀片是将（　　）相结合，来回推拉的平刀法。

A. 推刀片　　B. 拉刀片　　C. 平刀片

D. 滚料片　　E. 正刀片　　F. 反刀片

## 五、简答题

1. 请简述刀法的概念。

2. 刀法分为哪几大类？

3. 根据运刀的不同手法，平刀法可分为哪 6 种？

## 六、操作题

请使用土豆练习直刀法以及平刀法。

# 单元测试题答案

## 一、填空题

1. 运刀技法　2. 直刀法　平刀法　斜刀法　剞刀法　3. 下　4. 正刀片　反刀片　5. 交替铡切　平压铡切　击掌铡切　6. 锐角　7. 花刀　8. 直劈　跟刀劈　拍刀劈　9. 刀背　茸状　10. 切　劈　剁

## 二、判断题

1. √　2. √　3. √　4. ×　5. ×　6. ×　7. ×　8. √　9. √　10. √　11. √

## 三、单项选择题

1. A　2. A　3. B　4. A　5. C

## 四、多项选择题

1. ABCDEF　2. AB　3. AE　4. AB

## 五、简答题

1. 刀法就是使用不同的刀具将原料加工成一定形状时采用的各种不同的运刀技法。

2. 直刀法、平刀法、斜刀法、剞刀法等。

3. 拉刀片、推刀片、锯刀片、平刀片、抖刀片、滚料片。

## 六、操作题

注意点：直刀法以及平刀法姿势应正确。

# 烹饪原料刀工成型

## 引导语

烹饪原料在烹饪加工过程中往往以某种形态呈现出来，经刀工处理后，原料料形种类丰富、各具特色。料形既能反映出所构菜品的性质特征，也能反映出某种制熟加工的倾向性。料形一经确定便为组配加工和制熟加工提供了实施的依据。因此，在烹饪实践中，合理把控好原料的刀工组配成型规格十分必要。

本单元从烹饪原料刀工成型的角度分别介绍了块、片、条、段、丝、丁、粒、米、茸、球等料形的加工要求。

## 培训目标

熟悉烹饪原料刀工成型的种类

掌握原料刀工组配成型的规格及要求

掌握原料从大到小、由粗到细的加工过程

## 第1节　块的加工要求

### 一、概述

块通常采用直刀法加工而成。无冻、质地松软、脆嫩无骨的原料可采用切的方法，例如去骨去皮的各种肉类、蔬菜都可运用直切、推切、拉切等方法加工成块。而冰冻、质地坚硬或带皮带骨的原料则需用劈的方法加工成块。由于原料质地本身的限制，有的块形状并不是很规则，如鸡块、鸭块等，但在切割加工过程中，应尽可能做到块的形状大小均匀协调、整齐美观。在加工时，若原料自身的形态较小，可以根据其自然的形态直接加工成块，若形态较大，则应该根据烹调所需的规格先加工成段或者条，然后再改刀成块。

### 二、分类

块的种类比较多，常见的包括正方块、菱形块、长方块、劈柴块、滚料块等。

**1. 正方块**

【规格】大正方块 4 cm 见方，小正方块 2.5 cm 见方。

【刀法】通常应根据原料的性能，先按原料边长的规格斩或切成段，再改刀成块，如图 3–1 所示。

【适用范围】适用于将各种原料加工成块状，如肉块、鸡块、鸭块、鱼块等。

**2. 菱形块（又叫象眼块）**

【规格】因其形状和几何图形中的菱形相似，又如象眼，故起名为菱形块或象眼块。一般大菱形块边长约 4 cm，厚（高）约为 1.5 cm；小菱形块边长约为 2.5 cm，厚（高）约为 1 cm。

【刀法】在切割加工时，应先按原料厚度的规格将其批或切成大片状，再按原料边长的规格将大片切成长条的形状，最后斜切成菱形块状，如图 3–2 所示。

【适用范围】适用于形状较为平整、规则的原料，如面包、蛋白糕、蛋黄糕等。

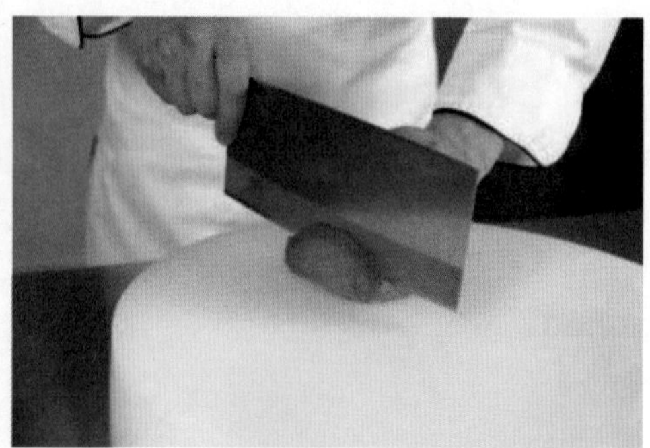
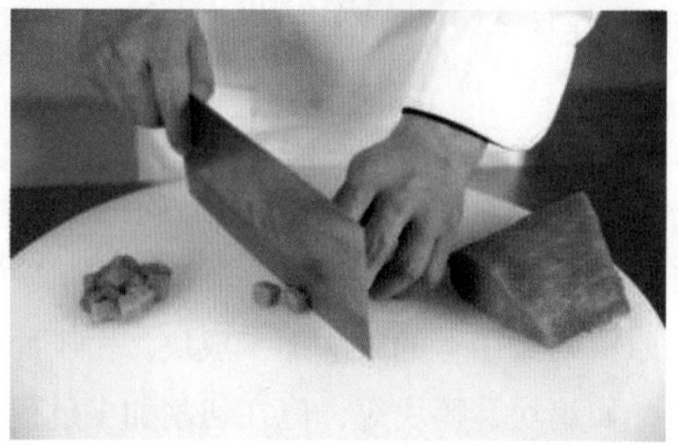

图 3-1　正方块的切法

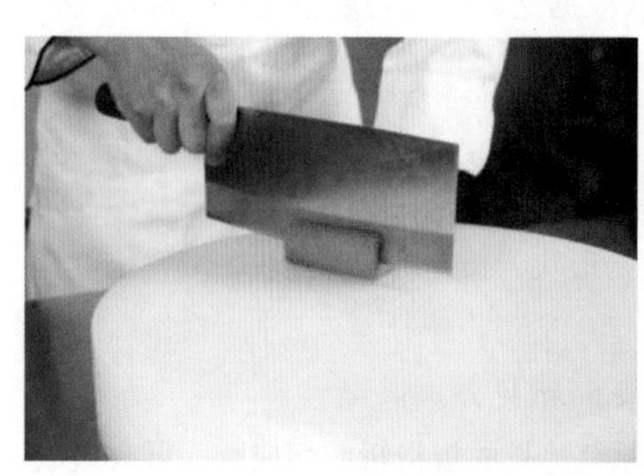
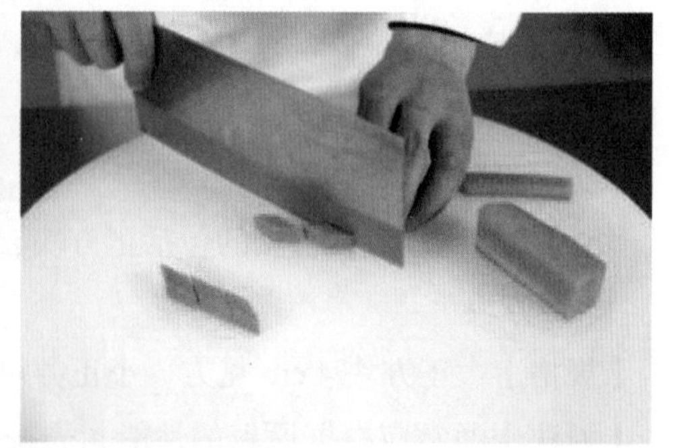

图 3-2　菱形块的切法

### 3. 长方块

【规格】大长方块长约 5 cm，宽约 3.5 cm，厚（高）1 ~ 1.5 cm；小长方块（又称骨牌块）长约 3.5 cm，宽约 2 cm，厚（高）约 0.8 cm。

【刀法】在切割加工时，应先按原料规定的厚度加工成片，然后再按原料规定的长度改刀成条或者段，最后加工成长方块，如图 3–3 所示。

【适用范围】适用于将各种原料加工成块状，如排骨块、鱼块等。

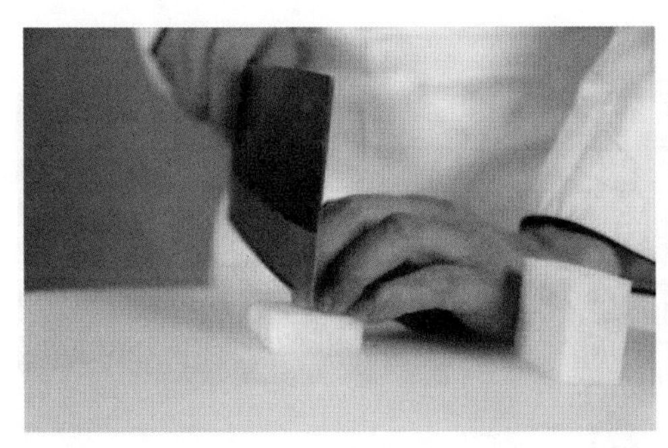

图 3–3　长方块的切法

### 4. 劈柴块

【规格】劈柴块块形大小、长短、厚薄不规则，就像烧火用的柴，故得此名。

【刀法】在切割加工时，应先用刀将原料拍松，然后再按长方块加工成型的方法加工成块，如图 3–4 所示。

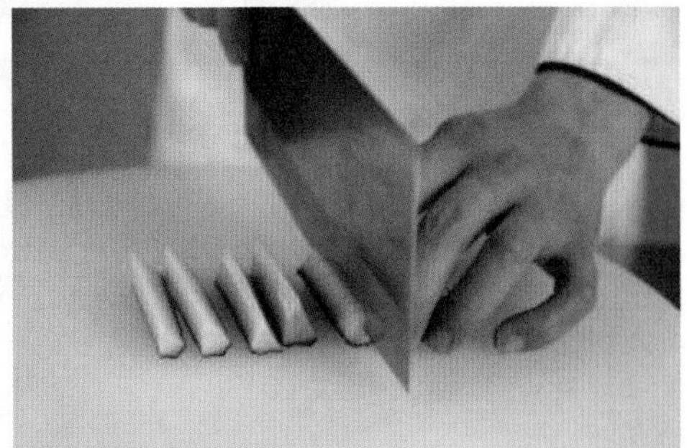

图 3–4　劈柴块的切法

【适用范围】主要适用于纤维组织较多的茎菜类蔬菜的加工，如茭白块、冬笋块等。这种块形可以疏松原料的纤维组织，烹调时便于成熟和入味，口感鲜嫩。

**5. 滚料块**

【刀法】滚料块是采用滚切的方法，每切一刀就将原料滚动一次。若滚动的幅度大，则切出来的块形大；若滚动的幅度小，则切出来的块形小，如图 3–5 所示。

【适用范围】通常把圆形、圆柱形的原料加工成滚料块，如土豆、茄子、莴笋、茭白、竹笋等。

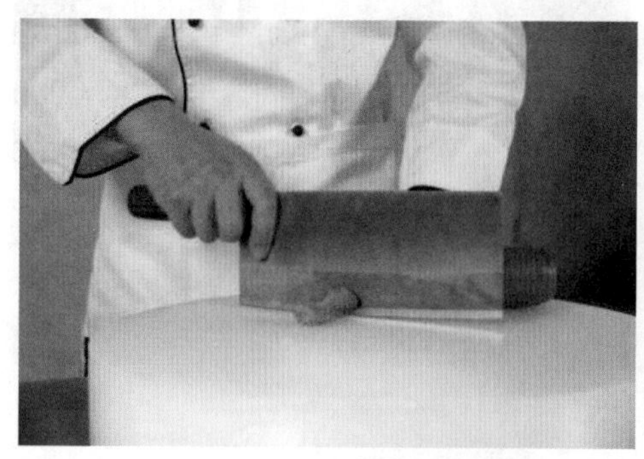
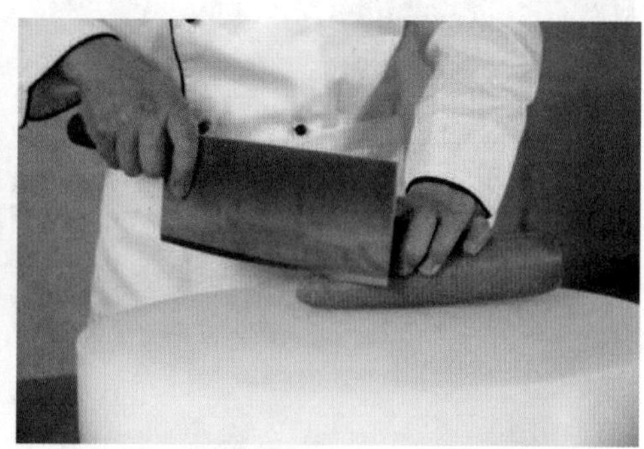
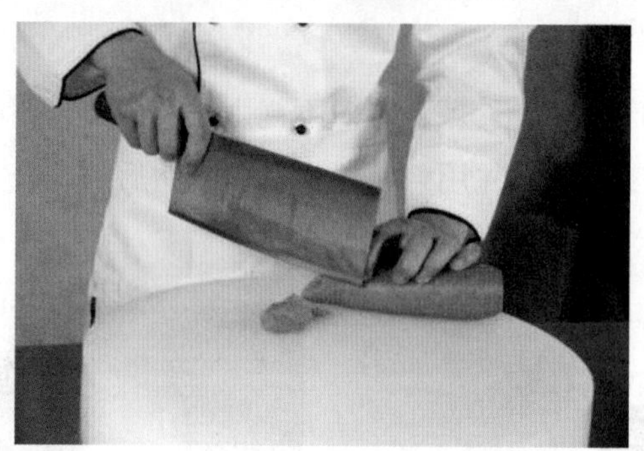

图 3–5　滚料块的切法

## 第2节 片的加工要求

### 一、概述

片一般运用批或者切的刀法加工而成。常见的片状有长方片、柳叶片、月牙片、菱形片、指甲片等。片的厚薄根据烹调要求有所不同。一般质地较嫩且易碎的原料切片应厚一些，质地坚硬带有韧性或者脆性的原料切片应薄一些，用于汆汤的原料切片应薄一些，用于滑炸、炒的片应厚一些。

### 二、分类

**1. 长方片**

【规格】大厚片长约为 5 cm，宽约为 3.5 cm，厚约为 0.3 cm；大薄片长约为 5 cm，宽约为 3.5 cm，厚约为 0.1 cm；小厚片长约为 4 cm，宽约为 2.5 cm，厚约为 0.2 cm；小薄片长约为 4 cm，宽约为 2.5 cm，厚约为 0.1 cm。

【刀法】原料在切割加工时，应先按原料规格将其加工成段、块或条，再用相应的刀法将其加工成片状（长、宽、厚应根据原料的性质及大小而定），如图 3–6 所示。

图 3–6 长方片的切法

【适用范围】可将黄瓜、萝卜、土豆、厚百叶（豆腐干）、草鱼肉、猪腰、猪肚等原料加工成长方片。

2. 柳叶片

【规格】长为 5 ~ 6 cm，厚为 0.1 ~ 0.2 cm，呈薄而狭长的半圆片，形状如柳叶。

【刀法】在切割加工时，应将圆柱形原料，如黄瓜、胡萝卜、红肠等纵向从中间切开，再改成柳叶状，如图 3–7 所示。

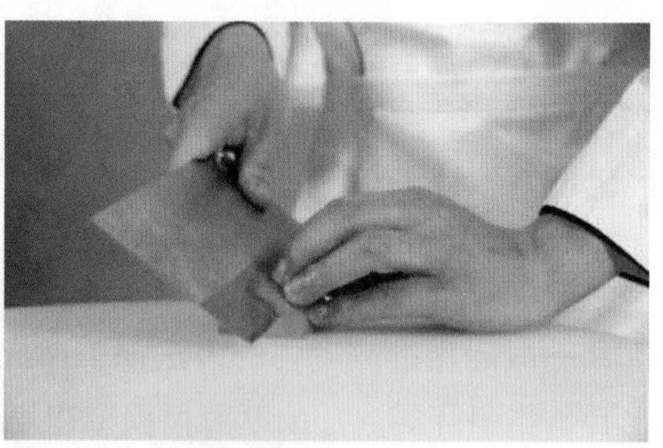

图 3–7　柳叶片的切法

3. 月牙片

【规格】片呈半圆形，厚度为 0.1 ~ 0.2 cm。

【刀法】将球形或圆柱形原料一切二，再切成半圆形薄片。片的大小通常根据原料的粗细而定，如图 3–8 所示。

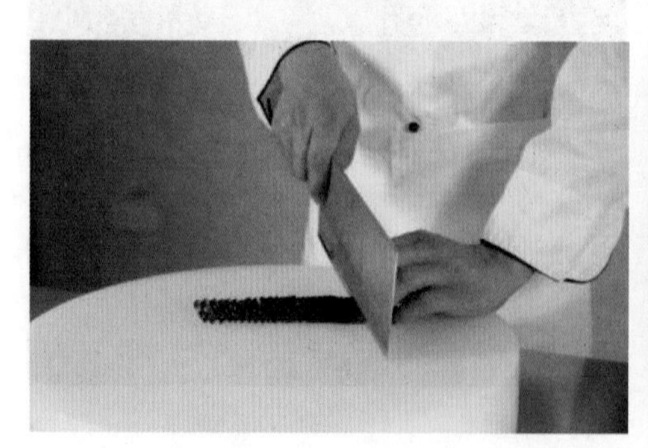

图 3–8　月牙片的切法

**4. 菱形片（又称象眼片）**

【规格】菱形片形状似菱形块，厚度为 0.1 ~ 0.3 cm。

【刀法】原料在切割加工时，可加工成菱形块后再批或者切成菱形片。也可先加工成整齐的长方条状，再将其斜切成菱形片，如图 3–9 所示。

【适用范围】适用于加工茭白的粗端，毛笋、冬笋等也可加工成菱形片。

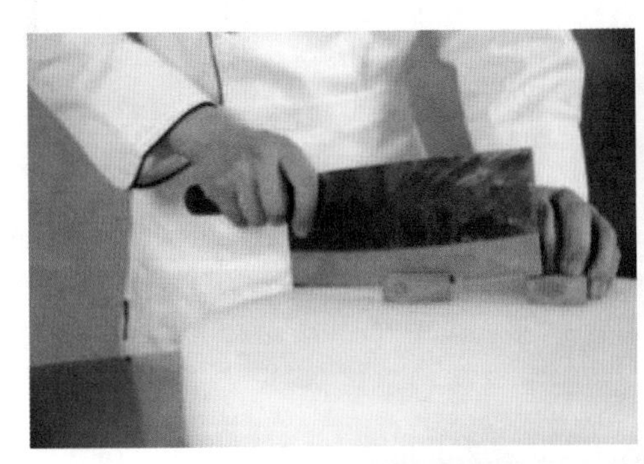
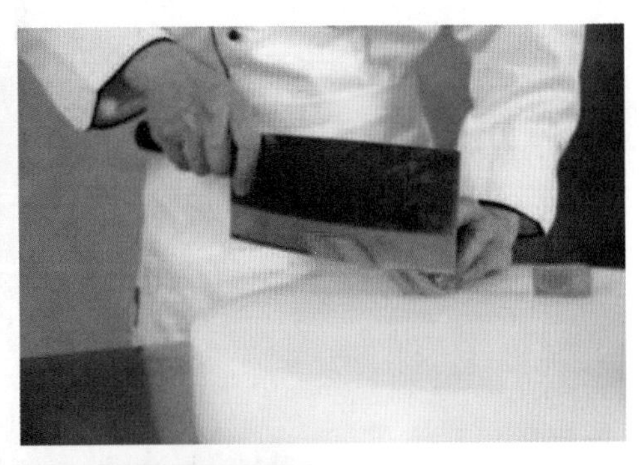

图 3–9　菱形片的切法

**5. 指甲片**

【规格】指甲片的片形比较小，一端方、一端圆，形状似大拇指指甲，故称指甲片。

【刀法】原料在切割加工时，一般用直切或者斜刀片的方法，把圆柱形原料一切为二，若大小合适，就可用直切的方法切成指甲片状；若半径不够，则用斜刀片的方法将原料批成指甲片，如图 3–10 所示。

【适用范围】适用于脆性的原料，如生姜、菜梗，或圆形、圆柱形的原料。

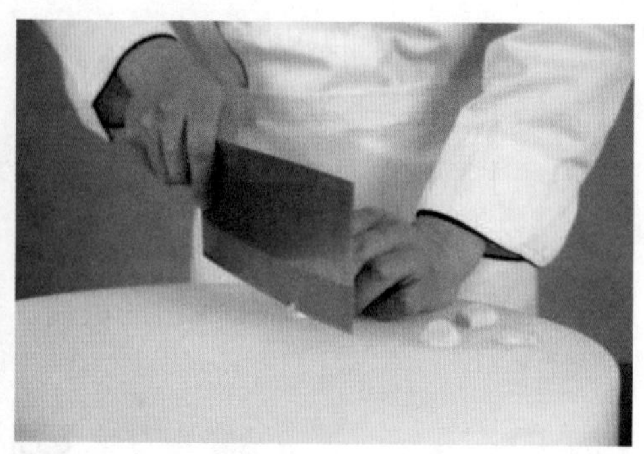

图 3-10 指甲片的切法

## 第 3 节　条、段、丝的加工要求

### 一、条

条状通常适用于无骨的植物性或动物性原料。其成型方法一般是将原料先切或者片成厚片，然后再改刀成条，故条的粗细取决于片的厚薄。条的两端以正方形为宜。按条的长短粗细通常可分为小指条、大指条、筷梗条等。

**1. 小指条**

【规格】小指条长约为 4.5 cm，宽和厚约为 1 cm，和小指一般粗，如图 3–11 所示。

【适用范围】通常如干烧茭白、油焖笋等菜肴，都需将原料加工成小指条。

图 3–11　小指条的切法

**2. 大指条**

【规格】大指条长为 4 ~ 6 cm，宽和厚约为 1.2 cm，和大拇指一般粗，如图 3–12 所示。

【适用范围】通常如姜汁黄瓜条、糖醋排条的刀工成型均为大指条。

**3. 筷梗条**

【规格】筷梗条长为 4 ~ 6 cm，宽和厚约为 0.5 cm，和筷子一般粗，如图 3–13 所示。

【适用范围】筷梗条一般适用于挂糊类的菜肴，例如酥炸鱼条。

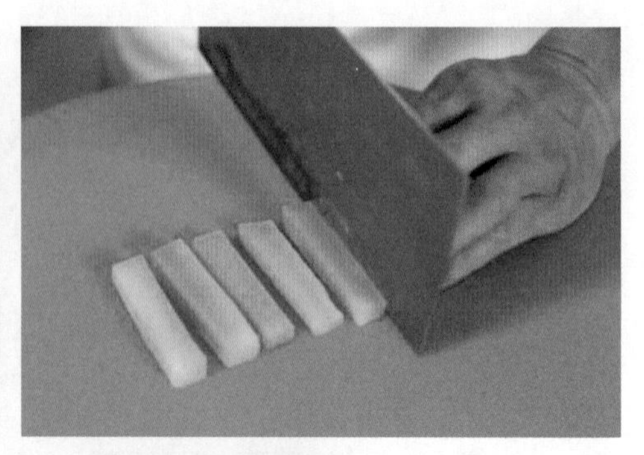

图 3-12　大指条的切法

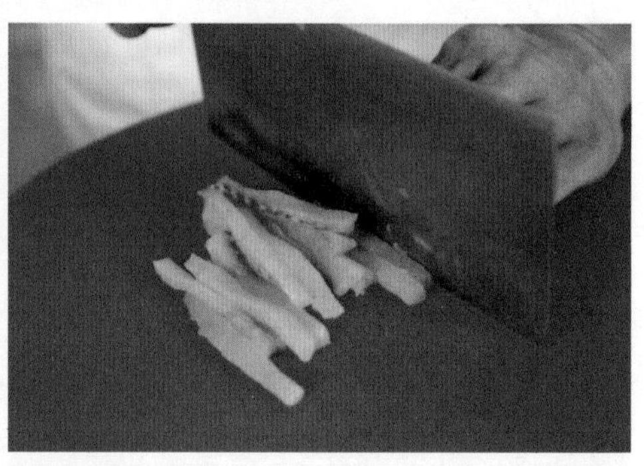

图 3-13　筷梗条的切法

## 二、段

【规格】段的长度在 3 ~ 4 cm。

【刀法】切段主要用直刀法加工成型。

【适用范围】切段的原料常见的有葱段、豇豆、刀豆、黄鳝、带鱼等。

## 三、丝

丝和条的形状基本相同，都是长方体状的，只是有长短、粗细之分。丝属于基本形态中较为精细的一种，切割加工时技术难度比较高。丝的加工要求是长短一致、粗细均匀、不连刀、无碎粒，要求刀工速度快。通常应掌握如下几个操作要领。

1. 丝的成型刀法通常是应先将原料加工成薄片状，然后再将其改刀成丝，丝的长短取决于片的长短，片的厚薄也决定了丝的粗细程度。因此，在切片或批片时应注意厚薄均匀，切丝时要保持长短一致、粗细均匀。

2. 原料加工成为薄片后，应根据原料特性采用相应的排叠法叠整齐，且不宜排叠过高。排叠是否恰当与原料成型有很大的关系，常用的排叠方法包括三种。

（1）瓦楞状叠法。将切或批好的薄片依次排叠，呈瓦楞形状，如图 3–14 所示。此叠法的优点是在切丝过程中片不易下滑而倒塌下来，故大部分原料都适合用此种排叠法，例如切猪肉丝、鸡丝、鱼丝等都采用瓦楞状叠法。

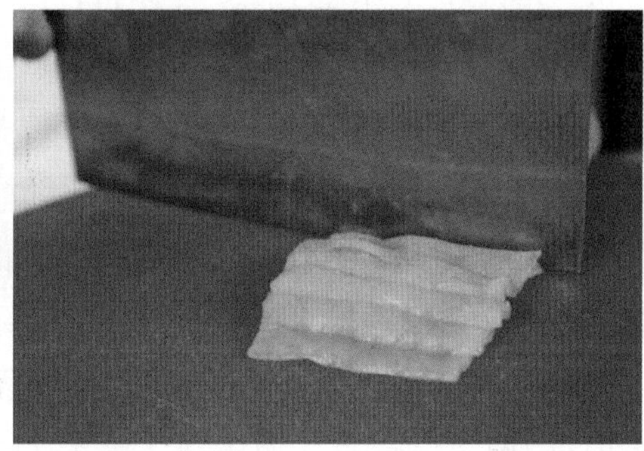

图 3–14　瓦楞状叠法

（2）平叠法。将切或批好的薄片从下往上排叠，如图 3–15 所示。此方法的优点是排叠较整齐，且切丝成品长短、粗细较均匀，但切到最后，左手无法固定住原料时容易倒塌，故片不宜叠得过高。此种排叠方法通常仅适用于形状较规则的软性或脆性原料，如豆腐干、萝卜、百叶等。

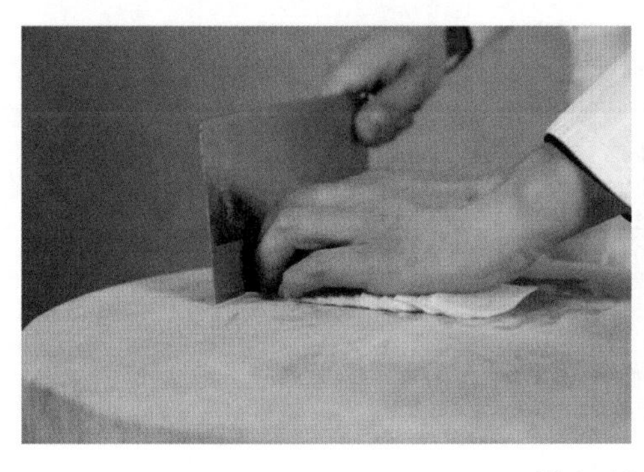

图 3–15　平叠法

（3）卷筒形叠法。将片形较大的原料一片一片排叠起来，然后卷成筒状，再切成丝，如青菜叶、海蜇皮、鸡蛋皮等，如图 3–16 所示。

图 3–16　卷筒形叠法

3. 切丝时，应用左手固定住原料，使原料不易滑动。否则，成型后的原料就会出现大小头，即两端大小不一、粗细不均。

4. 根据原料的性质决定丝的肌纹。原料种类繁多，老嫩程度不一，如牛肉的纤维比较老，且筋络比较多，故应当顶着肌肉纤维切丝，将纤维切断；而猪羊肉的肌肉纤维细长，且筋络也较细较少，通常应当斜着肌纹或者顺着肌纹切丝；猪里脊肉、鸡肉质地非常嫩，必须顺着肌纹切丝，否则烹调时易碎。

5. 根据原料的性质及烹调要求决定丝的粗细。从原料的性质看：质韧且老的原料切丝时可加工得细一些，而质韧且嫩的原料切丝时应切得粗一些。根据烹调方法来看：用于氽、煮等的丝要细一些，用于滑炒的丝可稍粗一些。按原料成型的粗细，丝通常可分为黄豆芽丝、绿豆芽丝、火柴梗丝及棉纱线丝。

（1）黄豆芽丝：成型规格长约为 6 cm，粗细（宽厚）约为 0.4 cm，形如黄豆芽一般，通常适用于加工鱼丝等。

（2）绿豆芽丝：成型规格长约为 6 cm，粗细（宽厚）约为 0.3 cm，形如绿豆芽一般，通常适用于加工鸡丝、里脊肉丝等。

（3）火柴梗丝：成型规格长约为 6 cm，粗细（宽厚）约为 0.2 cm，形如火柴梗一般，通常适用于加工茭白丝、莴笋丝、猪肉丝、牛肉丝及海蜇丝等。

（4）棉纱线丝：成型规格长约为 5 cm（或原料的长度），粗细（宽厚）约为 0.1 cm，通常适用于加工姜丝、菜松、豆腐丝、豆腐干丝等。

# 第4节　丁、粒、米、末的加工要求

## 一、丁

丁的形状通常似正方体，其成型方法是先将原料切或批成厚片（有韧性的原料可拍松后排剁），再将厚片改刀成条状，再将条加工成丁。丁的种类很多，常见的包括正方丁、菱形丁等。

### 1. 正方丁

【规格】大丁为边长约 1.5 cm 的正方体，中丁为边长约 1.2 cm 的正方体，小丁为边长约 0.8 cm 的正方体，如图 3–17 所示。

【适用范围】适合各种韧性、软性、脆性原料，如宫保鸡丁、酱爆肉丁等菜肴。

图 3–17　正方丁的切法

### 2. 菱形丁

【规格】和正方丁一样，菱形丁也有大中小之分。

【刀法】如菱形块，应先将原料批成厚片，再将其改刀成条，然后刀身呈 45° 倾斜，将条切成菱形丁，如图 3–18 所示。

【适用范围】各种软性、脆性原料均能加工成菱形丁，如青椒、香菇、蛋黄糕、蛋白糕。菱形丁主要作为点缀主料的辅料。如五彩鱼丁的主料鱼丁为正方丁，为了点缀主料，可以将辅料加工成菱形丁。

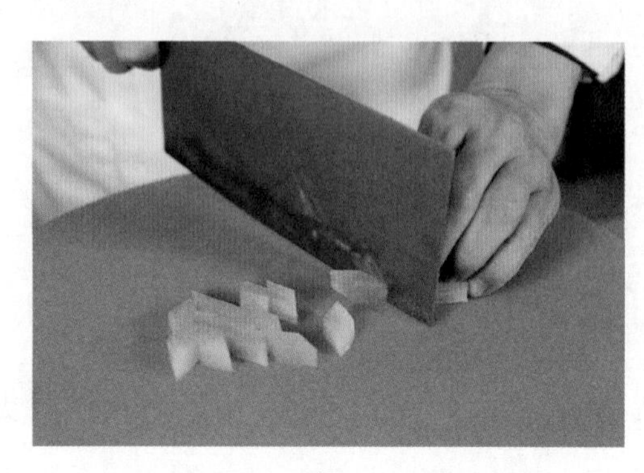

图 3–18　菱形丁的切法

## 二、粒

粒是体积小于丁的正方体，它的成型方法与丁相同。

【规格】大粒约 0.5 cm 见方。

【适用范围】适合加工韧性原料、脆性原料、软性原料、硬性原料。用于制作清蒸狮子头等，多用于配料。

### 1. 豌豆粒

（1）将原料切成 0.5 cm 宽的片。

（2）改刀切成相同宽度的长条。

（3）直刀切成正方体粒。

### 2. 绿豆粒

（1）同豌豆粒一样，但片更薄，约 0.3 cm 宽。

（2）改刀切成相同宽度的长条。

（3）直刀切成正方体粒，如图 3–19 所示。

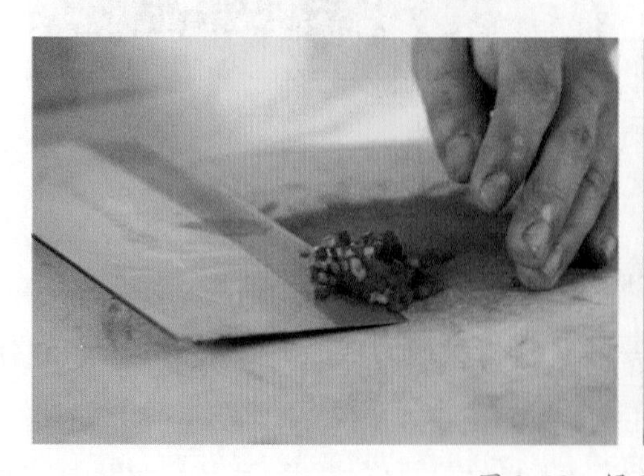

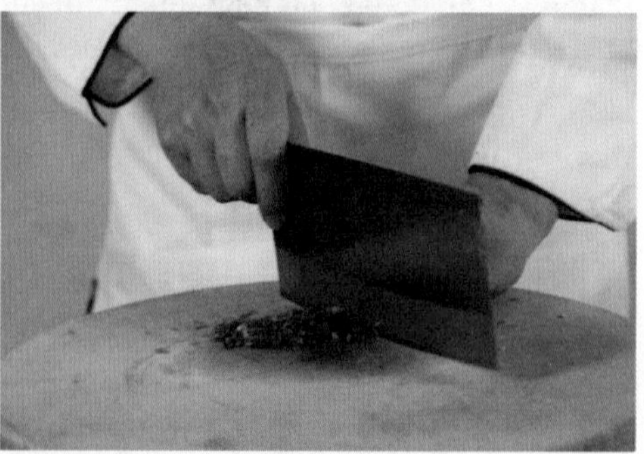

图 3–19　绿豆粒的切法

## 三、米

米是小于粒的正方体，成型方法与丁相同。要求运用直刀法和推切刀法加工成型，避免成末状。

【规格】约 0.2 cm 见方。

【适用范围】适合加工脆性原料、硬性原料。多用于点缀装饰菜肴。

## 四、末

【规格】末比粒更小，形状一般不特别规则。

【刀法】原料切成丁后，可再用排剁的刀法将其加工成末，如图 3–20 所示。

【适用范围】一般可用于制作姜末、蒜末、肉馅、肉丸等。

图 3–20　末的切法

## 第5节　茸和球的加工要求

### 一、茸

【规格】茸泥是非常细腻的一种原料形状。通常，动物性原料加工到最细腻的状态时即为茸，植物性原料加工到最细腻的状态时则为泥。

【刀法】动物性原料在制茸前要经过去皮、去骨、去除筋膜等步骤。鸡、虾、鱼这几种原料的纤维细嫩，质地较松软，加工时可用刀背将原料捶松，再抽去细骨或暗筋，然后用刀刃稍微排剁几下即可，如图3–21所示。植物性原料在制泥前通常要经过初步的热处理。含淀粉高的植物性原料应先将原料煮熟，再去皮，然后用刀膛按揿成泥状，例如土豆泥的制作。有时为了提高工作效率，可使用机械工具，如用粉碎机制作茸泥，能大大提高工作效率。

【适用范围】植物性原料可加工成菜泥、土豆泥、青豆泥等，动物性原料可加工成鱼茸、虾茸、鸡茸等。

图3–21　茸的切法

## 二、球

【规格】球为圆形的球状，球的大小可根据烹调及成品的要求而定。

【刀法】制球的刀法通常有两种：一种需要用手工制作成型（如鱼丸、肉丸等），即先将原料加工成茸泥状，再用手工挤捏成型；另一种是用刀具加工而成，即先将原料加工成大方丁，然后再削修成球状，如图 3–22 所示。随着烹饪刀工技术的不断发展以及工艺的不断改进和完善，工具也在不断创新。现如今，一般脆性原料制球可用半圆形的不锈钢模具加工，如西瓜球、冬瓜球等。用模具加工不仅效率高，而且球的大小一致、表面光滑，成品十分美观。

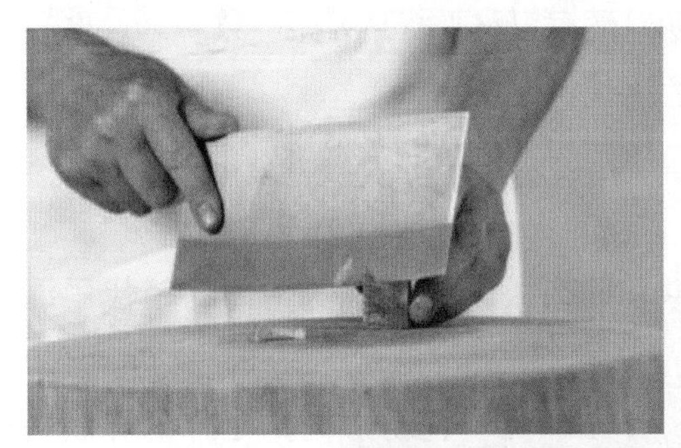

图 3–22　球的切法

# 单元测试题

## 一、填空题（请将正确的答案填在横线空白处）

1. 块的成型规格有______、______、______、______。
2. 菱形片厚度为______cm。
3. 片的成型应由______及______决定。
4. 柳叶片是状如______，长 5 ~ 6 cm，厚 0.1 ~ 0.2 cm 的______。
5. 小指条是长约______cm，宽和厚约______cm 见方的条。

6. 片的长短决定了丝的______，片的______决定了丝的粗细。

## 二、判断题（下列判断正确的请在括号内打“√”，错误的请打“×”）

1. 切丁要力求使其长、宽、高基本一致。（　　）
2. “酱烧青笋”的莴笋条是小指条。（　　）
3. 质地细嫩易碎的原料成型较薄，质地较硬带有韧性的原料成型较厚。（　　）
4. 柳叶片适用于红薯、红萝卜等原料。（　　）
5. 条的粗细取决于片的厚薄，条的两头应呈正方形。（　　）
6. 在片片或切片时要注意厚薄均匀，切时注意刀路平行且刀距一致。（　　）
7. 切丁要力求长宽高基本相等，形状才美观。（　　）
8. 丁配丁、丝配丝、片配片是料形统一原则的具体体现。（　　）

## 三、单项选择题（下列每题的选项中，只有 1 个是正确的，请将其代号填在括号内）

1. 冷菜装盘时将片形原料有规则地一片压一片呈瓦楞形向前延伸的方法叫作（　　）。

A. 砌　B. 插　C. 铺　D. 叠

2. （　　）是 1.5 cm 见方的正方块。

A. 大丁　B. 小丁　C. 粒　D. 末

3. 条的粗细决定了丁的（　　）。

A. 大小　B. 长宽　C. 宽高　D. 厚薄

4. 粒比末（　　）。

A. 大　B. 小　C. 一样　D. 不确定

## 四、多项选择题（下列每题的选项中，至少有 2 个是正确的，请将其代号填在括号内）

1. 块的成型方法是（　　）。

A. 切制　B. 劈法　C. 斩法　D. 剞

2. 条的成型规格有（　　）。

A. 大指条　B. 小指条　C. 筷梗条　D. 头粗丝　E. 二粗丝

3. 原料加工成薄片后，排叠切丝的方法有（　　）。

A. 瓦楞状叠法　B. 堆叠法　C. 竖立法

D. 平叠法　　E. 卷筒形叠法

4. 片用于（　　）的成型应稍薄一些。

A. 炝　　B. 炒　　C. 爆

D. 熘　　E. 烧　　F. 烩

5. 泥是指（　　）等植物性原料，先蒸（煮）熟后再挤压成的泥状。

A. 豌豆　　B. 蚕豆　　C. 土豆

D. 红薯　　E. 黄豆　　F. 绿豆

## 五、简答题

1. 请简述茸的概念。

2. 烹饪中常用的片有哪些？

3. 在处理烹饪原料时，应遵循哪些基本要求？

## 六、操作题

请将胡萝卜片成片后切成细丝。

## 单元测试题答案

### 一、填空题

1. 正方块　劈柴块　菱形块　长方块　2. 0.1 ~ 0.3　3. 原料性质　烹调要求　4. 柳叶　狭长薄片　5. 4.5　1　6. 长短　厚薄

### 二、判断题

1. √　2. ×　3. ×　4. ×　5. √　6. √　7. √　8. √

### 三、单项选择题

1. D　2. A　3. A　4. A

### 四、多项选择题

1. ABC　2. ABC　3. ADE　4. ABCD　5. ABCDEF

### 五、简答题

1. 将猪、鸡、鱼、虾等的肉加工到最细腻的状态即为茸。

2. 长方片、菱形片、柳叶片、月牙片、指甲片等。

3. 整齐均匀，符合规格；清爽利落，断连分明，互不粘连；密切配合烹饪要求；根据原料特性，合理应用刀法；合理使用原料，做到物尽其用；注意清洁卫生。

### 六、操作题

注意点：运刀姿势，以及丝的规格是否符合标准。

# 刀工与料头

## 引导语

一般情况下，料头分主配料头和调配料头。调配料头的基本料形有葱类料头、叶类料头、蒜类料头、洋葱类料头、辣椒类料头、特殊料头等。不同的原料因质地和菜品呈现要求等方面的因素，对于刀工分解的形状等方面的要求也不尽相同。合理地切割加工不仅能使原料顺应菜肴的风味特色，也能烘托美化菜品，有时更能满足菜品对于营养的追求。

料头的切割加工工艺要点是要对料头的用料、刀工成型方法，以及料头的组配原则有清晰的认知。本单元将分别介绍料头的主要用料、常用料头的刀工刀法和料头使用的基本原则等方面的基本知识，并以此为基础，分析常用料头的组配方法。

## 培训目标

熟悉料头的基本料形、种类及作用

掌握主要料头分解加工的原则及特点

掌握常用料头的组配方法

## 第1节　料头的主要用料及其成型

### 一、料头的主要用料

料头的主要用料是姜、葱、蒜头、辣椒、香菜、香菇、火腩（烧烤熟制的五花肉）、火腿、胡萝卜、芹菜、洋葱、草菇、陈皮等。应用这些原料，主要取其各种特殊的香气、艳丽的色彩，还可加工成不同的形状，在色、香、味、形上把主料烘托得更完美。

经刀工处理后，料头的原料可变成多种形状，将各种形状的料头按一定规则组合，就成了菜肴的料头。

### 二、料头用料的刀工成型

下面以生姜为例做介绍。

**1. 大姜片**

（1）生姜去皮，清洗干净。

（2）将生姜修整边角后切成 4 cm × 2 cm × 0.1 cm 的片。

**2. 小姜片**

（1）将去皮生姜切成 1.2 cm 的厚块。

（2）将切得的姜块横向相距 1.2 cm、45° 斜刀切下。

（3）顺着长的方向、采用直切法、刀距 0.1 cm 对姜进行加工，即得小姜片。

**3. 姜花（见图 4–1）**

姜花，即将生姜切改成动物或花草形状的小薄片。用于配料头，可从色泽、形状上将菜肴衬托得精美些，显出菜肴制作工艺的精巧。

**4. 鸭仔花片**

（1）将去皮的姜块修形。

（2）切去一小斜角。

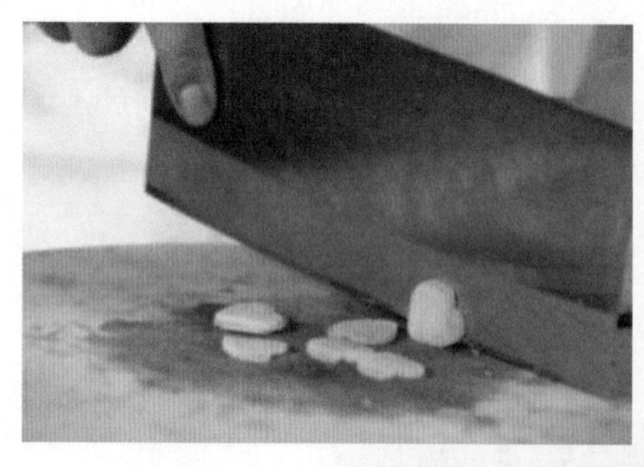
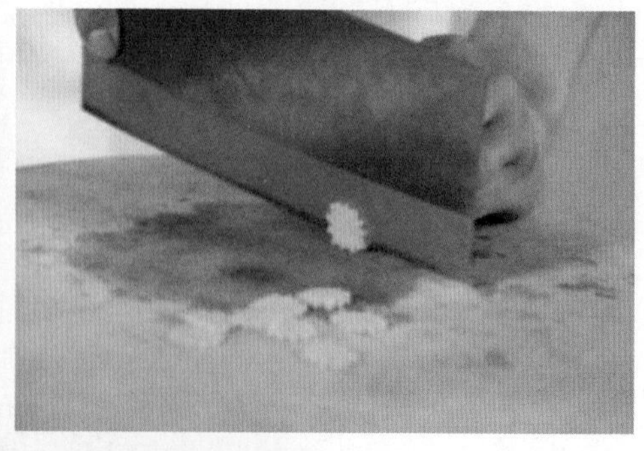
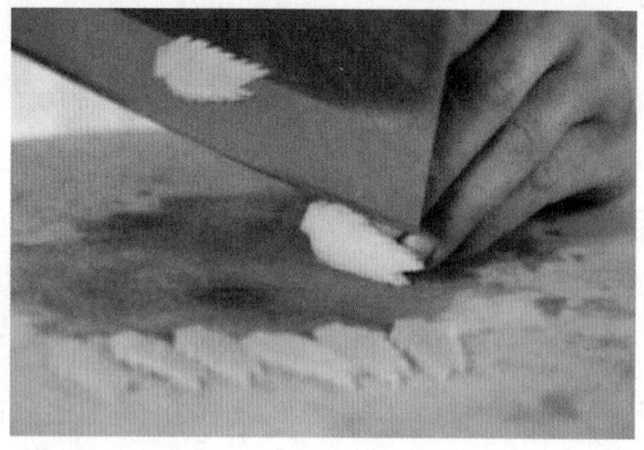

图 4–1　姜花

（3）修改鸭头、鸭嘴。

（4）切改鸭翅、鸭尾。

（5）修整好后按 0.1 cm 的厚度切片。

**5. 蝴蝶花片（见图 4–2）**

（1）将去皮的生姜切改成为一梯形状。

（2）在梯形姜的下方左右两边修改出蝴尾部。

（3）在梯形姜的斜边底上 1/3 处刻出锯齿刀纹，成为蝴蝶翅边。

（4）在梯形姜上部切出蝴蝶的头须。

（5）修整好后切成薄片，即得蝴蝶花片。

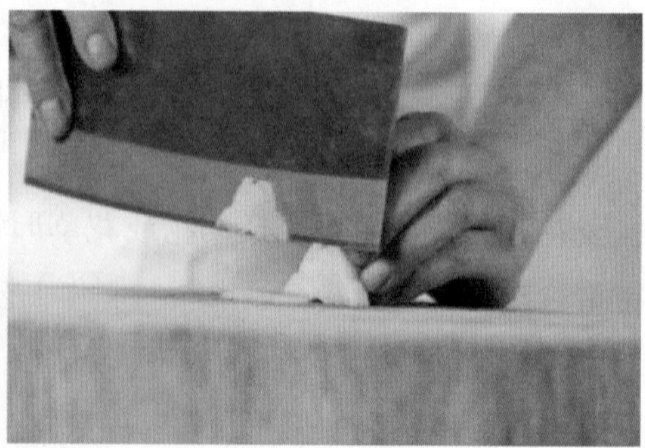

图 4–2　蝴蝶花片

## 三、料头的作用与使用的基本原则

料头中的原料，往往是具有特殊气味的姜、葱、蒜、香菜等，虽然用量少，但能在高温作用下产生香气，令菜肴香气扑鼻。料头的滋味与菜料的滋味相互作用，能产生美妙的滋味效果，增加锅气（热香气）。这是料头的主要作用。

菜肴用料广博奇杂，相当多的原料都不同程度地带有腥臊异味，料头的运用是厨师在长期实践中探索出的一套辟除异味、增加鲜香风味的技巧，制作出的菜肴既有锅气，又能突出肉质芳香、鲜美，令人闻味食欲大振。重视和突出料头的作用，是烹调的妙法之一。同时，料头的搭配组合，有其约定俗成的游戏规则，是厨师的无声工作语言。从事切配工作的菜墩岗位厨师需按一定规则组配好料头，厨师也应识别好料头，按料头提示烹制及调味。另外，料头所使用的原料，如青红椒、洋葱、青葱、胡萝卜、生姜等都有着艳丽的色彩，还可加工成不同的形状，从色泽、形态上把菜肴烘托得更为完美。

通常，料头总重量不超过该菜所用原料总重量的2%，而且应遵循与主料形状相配套的原则。如丝配丝、片配片、丁粒配米茸，料头不得大于主料。另外，菜料形格较大的，如整只鸡，整条鱼，斩件厚大、带骨的原料，白焯或滚煨的原料，适用大形格的料头。加工成丁、丝、粒、片等形格细小的菜料，搭配小形格的料头。需长时间烹制的菜料，配用厚大些的料头。短时间猛火烹制的菜料，配用丝、米、茸等小些的料头。

应注意一些料头使用上的习惯，如蒸鸡（蒸其他的禽鸟、田鸡、水鱼等）忌用蒜；猪类原料，除内脏料外，一般不加姜；逢青绿菜料不加葱，等等。

在鸡肉制作中，几种料头组配及烹调方法见表4–1。

表4–1　　鸡肉制作中料头的组配及烹调方法

| 料头 | 烹调方法 | 味料使用 |
| --- | --- | --- |
| 小姜片、葱段 | 油焖 | 蚝油 |
| 蒜茸、姜米、陈皮米、菇件 | 红烧 | 盐、糖、味精、酱油（老抽） |
| 蒜茸、葱段、椒件 | 酥炸 | 糖、醋 |
| 小姜片（或姜花片）、葱段、菇丝 | 蒸 | 盐、糖、味精 |
| 姜片、洋葱件、椒件、菇件 | 啫啫煲 | 煲仔酱 |
| 蒜茸、姜米、洋葱米、辣椒米 | 油焖 | 咖喱 |
| 姜花片、长葱榄 | 油泡（生炒滑鸡） | 盐、糖、味精 |
| 蒜茸、葱米、椒米 | 酥炸 | 椒盐风味 |

## 第2节　常用的料头组配

### 一、概述

为了能在烹饪工作中灵活运用料头，仅列粤菜常用的料头组合供读者学习研究。根据实际情况，某些料头的组合可以做出适当调整。

### 二、料头的组配

#### 1. 炒菜料头

组成：蒜茸、小姜片或姜花片。

适用范围：炒片状材料的菜式搭配。菜料配上蒜茸、小姜片或蒜茸、姜花片，即是炒法菜式，如莴笋炒鸡片等。

#### 2. 糖醋风味料头

组成：蒜茸、葱段、椒件。

适用范围：糖醋（酸甜）风味的菜式。如糖醋排骨、糖醋鸭块、糖醋鱼块等。

#### 3. 蒸鸡（蒸禽鸟、水鱼、田鸡等）料头

组成：小姜片或姜花片、葱段、菇件。

适用范围：蒸制碎件的禽鸟、水鱼、田鸡。如冬菇蒸滑鸡、金针云耳蒸鸡、荷香蒸水鱼、清蒸田鸡等。

#### 4. 红烧料头

组成：烧肉或火腿肉、蒜茸、姜米、陈皮米、菇件，如有水鱼加炸蒜子。

适用范围：红烧类菜式。需加入老抽调色，如红烧水鱼、红烧排骨、红烧田鸡、红烧河鳗、红烧豆腐等。

#### 5. 蚝油风味料头

组成：小姜片、葱段。

适用范围：蚝油调味的菜式。一般是焖法中的部分菜式，如蚝油牛肉、鲜菇焖鸡、

栗子焖鸡等。

**6. 白灼料头**

组成：大姜片、长葱条。

适用范围：白灼类菜式。如白灼基围虾、白灼鲜鱿鱼、白灼猪肚仁、白灼鹅肠等。

**7. 豉油蒸鱼料头**

组成：大姜片、长葱条、姜丝、葱丝。

适用范围：整条蒸，且蒸熟后蘸豉油食用的鱼。如清蒸鳜鱼、清蒸鲈鱼、豉油皇蒸生鱼。

**8. 薰料头**

组成：香菇、葱条、姜片、笋片。

适用范围：薰法菜式。如姜葱薰鲤鱼、姜葱薰大鱼、蚝油薰乳鸽、蚝油熏鸡等。

**9. 咖喱风味料头**

组成：蒜茸、姜米、洋葱米、辣椒米。

适用范围：焖法咖喱风味菜式。如咖喱焖鸡、咖喱鱼块、咖喱牛肉等。

**10. 酱爆料头**

组成：蒜茸、姜片、洋葱件、椒件。

适用范围：酱爆式菜式。如XO酱爆带子、沙嗲八爪鱼、酱皇鸡翼球、紫金酱爆羊肚、豉油黄大肠等。

**11. 镬仔菜料头**

组成：炸蒜片、青（红）椒件、姜片、西芹件。

适用范围：煮法之锅仔（镬仔）菜式。如锅仔萝卜煮鱼松、镬仔冬瓜皮蛋煮鱼肚、镬仔咸菜猪生肠等。

**12. 啫啫煲料头**

组成：蒜片、姜片、洋葱件、青（红）椒件、菇件。

适用范围：啫啫煲菜式。如啫啫黄鳝煲、啫啫鸡煲、啫啫鱼头煲、啫啫花腩煲。

**13. 炒滑蛋料头**

组成：葱花。

适用范围：炒滑蛋菜式。如凉瓜炒滑蛋、滑蛋虾仁、滑蛋鱼片、滑蛋牛肉、韭黄炒滑蛋、菜脯炒滑蛋等。

**14. 油泡（炒滑鸡）料头**

组成：姜花片、葱榄、蒜茸。

适用范围：油泡法菜式。如油泡肾球、香滑生鱼球、生炒滑鸡、油泡鲜鱿、油泡田鸡腿等。

**15. 铁板料头**

组成：小姜片、葱榄、洋葱丝、胡萝卜花。

适用范围：油泡后变铁板盛装上席的菜式。如铁板牛肉、铁板黄鳝片、铁板鲜鱿、铁板黑椒牛柳等。

**16. 炒丝料头**

组成：姜丝、葱丝、蒜茸、菇丝。

适用范围：炒丝状料的菜式。如韭黄炒鸡丝、五彩炒肉丝、茭笋炒牛柳丝、银芽鸡丝等。

**17. 炒丁料头**

组成：姜米、蒜茸、短葱榄。

适用范围：炒丁状菜式配用。如榄仁鸡丁、五彩炒肉丁、腰果炒鸡丁、黑椒牛柳丁等。

**18. 豉汁料头**

组成：葱段、蒜茸、椒米、姜米。

适用范围：豉汁风味的菜式。如豉汁蒸排骨、豉汁蒸鱼头、豉汁炒田螺、蒸汁盘龙鳝等。

**19. 蒸碎件鱼料头**

组成：葱丝、姜丝、肉丝、菇丝。

适用范围：斩件蒸且只加糖、盐、味精调味的鱼。如清蒸鱼头、清蒸鱼腩等。

**20. 生焖鱼料头**

组成：姜丝、葱丝、蒜茸、肉丝。

适用范围：拉油（泡油）焖法制作的鱼。如酸菜焖生鱼、酸笋焖鱼头、南瓜生焖鱼、冬瓜焖鱼块等。

**21. 椒盐风味料头**

组成：葱米、蒜茸、椒米。

适用范围：炸法处理，需要最后加椒盐粉翻拌的菜式。如椒盐玉子豆腐、椒盐泥鳅、椒盐鱼骨腩、椒盐鸭下巴等。

**22. 红焖鱼（红烧鱼）料头**

组成：姜丝、葱丝、蒜茸或炸蒜子、菇丝、肥肉丝。

适用范围：炸后再焖制的茄子煲或鱼类菜式。如红烧鲤鱼、支竹鱼头煲、红焖鱼块、咸鱼茄子煲、茄子鱼头煲等。

**23. 煎蛋料头**

组成：葱丝、菇丝。

适用范围：煎蛋饼的菜式。如凉瓜煎蛋饼、鱼片煎蛋、虾仁煎蛋、香煎芙蓉蛋、菜脯煎蛋、蛋香猪脑等。

**24. 油浸料头**

组成：葱丝。

适用范围：油浸法制作的鱼。如油浸笋壳鱼、油浸山斑鱼、油浸乌头鱼等。

**25. 水浸料头**

组成：葱丝、姜丝。

适用范围：水浸法制作的鱼。如水浸鲫鱼、五柳水浸鲩鱼、水浸福寿鱼、水浸鲢鱼等。

**26. 煎封料头**

组成：葱花、蒜茸、姜米。

适用范围：煎封法处理的鱼。如煎封鲳鱼、煎封罗非鱼、煎封鲮鱼等。

**27. 五柳料头**

组成：葱丝、蒜茸、椒丝、五柳丝。

适用范围：部分酥炸后淋糖醋味芡的菜式。如五柳炸蛋、五柳松子鱼等。

**28. 炖汤料头**

组成：大姜片、葱条、大方粒猪瘦肉、大方粒火腿。

适用范围：炖汤菜式的料头。如花旗参炖竹丝鸡、沙参玉竹炖瘦肉、川贝杏仁炖猪肺等。

**29. 滚汤料头**

组成：草菇片、小姜片。

适用范围：滚法制作的汤菜。如丝瓜肉片猪肝汤、豆腐鱼头汤、枸杞鱼片汤、西洋菜鱼丸汤等。

**30. 茄汁（番茄酱）风味料头**

组成：蒜茸、洋葱件、椒件。

适用范围：茄汁煎猪扒、茄汁牛肉等加入番茄酱（又叫番茄沙司）调味的菜式。

## 单元测试题

### 一、填空题（请将正确的答案填在横线空白处）

1. 料头分为______、______。

2. 葱段一般用于______、______类的菜肴。

3. 姜片、蒜片一般用于主料是______的菜肴。

4. 短葱榄一般用于主料是______的菜肴。

5. 干辣椒丝一般用于______、______类的菜肴。

6. 开花葱一般用于______与______菜肴中生菜的配料。

## 二、判断题（下列判断正确的请在括号内打“√”，错误的请打“×”）

1. 蒜丝的长度以蒜瓣的自然长度为准。（　　）

2. 长段蒜苗拍破或对切后可用于制作水煮肉片等菜肴。（　　）

3. 葱段采用尽可能粗的葱白。（　　）

4. 葱丝一般作为某些菜肴盖面或色泽上的点缀。（　　）

5. 姜蒜米不用于鱼香味或鱼的烹调。（　　）

6. 姜片是边长约 1 cm 的片。（　　）

7. 大料类香料有蒜茸、姜花、葱段、料菇片。（　　）

8. 菜肴组配应以主料的香味为主，辅料、调料起辅佐、衬托主料香味的作用。（　　）

## 三、单项选择题（下列每题的选项中，只有 1 个是正确的，请将其代号填在括号内）

1. 长段蒜苗的长度是（　　）cm。

A. 3　　B. 6　　C. 9　　D. 12

2. 宫保鸡丁里的胡萝卜是（　　）状。

A. 块　　B. 丁　　C. 粒　　D. 末

3.（　　）一般用于菜肴盖面或色泽上的点缀。

A. 葱段　　B. 马耳朵葱　　C. 葱丝　　D. 鱼眼葱

4. 开花葱在两端各砍（　　）刀。

A. 2 ~ 3　　B. 3 ~ 4　　C. 5 ~ 6　　D. 8 ~ 10

5.（　　）适用于鱼香味型的菜肴。

A. 葱丝　　B. 葱段　　C. 葱榄　　D. 葱片

## 四、多项选择题（下列每题的选项中，至少有 2 个是正确的，请将其代号填在括号内）

1. 洋葱的刀工成型有（　　）。

A. 洋葱米　　B. 洋葱粒　　C. 洋葱丝

D. 洋葱件　　E. 洋葱片

2. 蒜苗的刀工成型有（　　）。

A. 蒜苗米　　B. 蒜苗段　　C. 蒜苗榄

D. 蒜苗片　　E. 蒜苗条

3. 五柳的刀工成型有（　　）。

A. 五柳粒　　B. 五柳丝　　C. 五柳段

D. 五柳条　　E. 五柳片

## 五、简答题

1. 料头在菜肴中的作用是什么？

2. 请简述开花葱的用途。

3. “小宾俏”是指什么？

4. 为什么辅料的形格要小于主料？

5. 鱼的腹部为何不能剞花刀？

## 六、操作题

请将胡萝卜雕成料头花。

# 单元测试题答案

## 一、填空题

1. 主配料头　调配料头　2. 烧　烩　3. 片　4. 丁　5. 干煸　炝　6. 烧烤　酥炸

## 二、判断题

1. √　2. √　3. ×　4. √　5. ×　6. √　7. √　8. √

## 三、单项选择题

1. B　2. B　3. C　4. C　5. A

## 四、多项选择题

1. ABCD　2. ABC　3. AB

## 五、简答题

1. 一是增加菜肴的香味和锅气，二是清除某些原料的腥臊气味，三是便于识别味料配搭、提高工作效率。

2. 一般用于烧烤与酥炸类菜肴中生菜的配料。

3. “小宾俏”又称小料头、小配料，是指菜肴烹调中的小型调料，如姜、葱、蒜、泡红辣椒、干辣椒等。

4. 菜肴搭配辅料的作用是衬托主料，使菜肴的形式更加美观。原则上辅料应服从主料，而且形状要一致。切配时辅料的形格必须要小于主料，并且要细小一些，不能主次不分、喧宾夺主。但是也有个别菜肴辅料较大，这主要根据菜肴的要求和特点而定。

5. 鱼的腹部肉质浅薄，腹内空荡，若剞上较深的花刀纹，加热时肉质失水收缩，鱼的腹部会从刀口处裂开，出现空洞，破坏鱼体的完整性和外观，影响成菜质量。

## 六、操作题

注意点：运刀姿势是否符合标准，料头花的完成程度。

# 花刀技法

## 引导语

花刀技法是指运用不同的刀法在原料上剞成深而不透的横的、竖的、斜的等刀纹，使韧性原料加热后质地脆嫩且成熟一致，卷曲成各种美观的花刀纹。用花刀技法加工成的原料形状，有大型的葡萄形、松鼠形、蛟龙形等，也有小巧玲珑的荔枝形、菊花形、核桃形等。

在中式烹饪中，刀工技法是一种手作工艺。花刀技法作为刀工技法的重要组成部分，仅技法种类就有数十种。花刀技法的合理运用不仅能使菜品易于成熟，更能衬托美化菜品，赋予菜品良好的外观。

在本单元中，将分别介绍常用的花刀技法特点及方式方法。

## 培训目标

熟悉刀工处理各种花刀的名称、规格

掌握各种花刀形状适用的原料、特性、应用场合

能根据花刀技法原则指导实践

## 一、斜一字花刀

斜一字花刀的刀法美化技术较为复杂，难度较高，需经过不断实践才能领会并掌握。

斜一字花刀的刀纹是运用直刀或斜刀推剞的刀法制成的，常用于黄花鱼、青鱼、鲤鱼、胖头鱼、鳜鱼等的加工。

【实例】黄花鱼的加工。

【操作过程】

1. 将黄花鱼清洗干净（见图 5–1）。

2. 将黄花鱼正反两面剞上斜一字形排列的刀纹。半指刀纹间距约为 5 mm，一指刀纹间距约为 1.5 cm（见图 5–2）。

【操作要领】加工时要求刀纹、刀距、进刀深浅均匀一致；鱼背部刀纹应稍深些，腹部刀纹应稍浅些。

图 5–1 清洗干净的黄花鱼

图 5–2 斜一字花刀展示

## 二、柳叶花刀

柳叶花刀的刀纹是运用斜刀推或斜刀拉剞的刀法制成的，常用于武昌鱼、胖头鱼、鲫鱼等的加工。

【实例】胖头鱼的加工。

【操作过程】

1. 将胖头鱼清洗干净（见图 5–3）。

图 5–3　清洗干净的胖头鱼

2. 先在胖头鱼全身中央从头到尾顺长剞一刀纹，再以这长刀纹为起点，在背部剞 3 刀略弯曲的直刀纹，在腹部剞 2 刀略弯曲的直刀纹，类似于叶脉的刀纹（见图 5–4）。

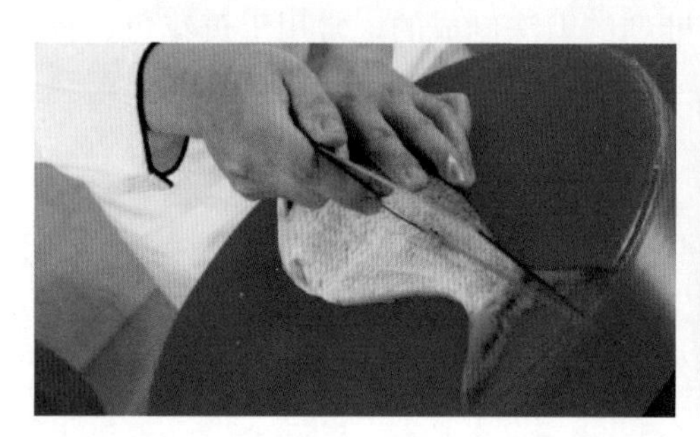

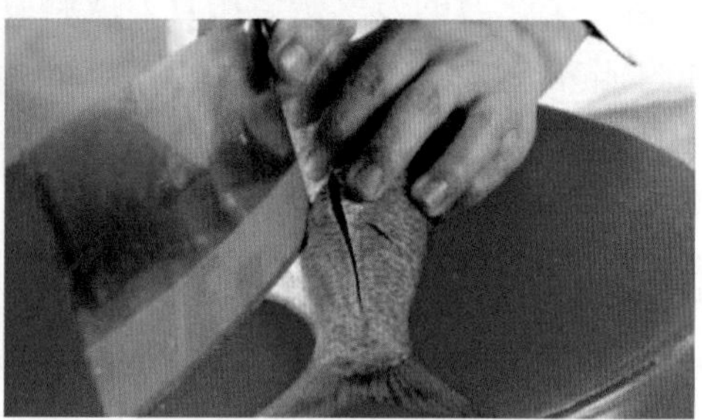

图 5–4　柳叶花刀展示

【操作要领】加工时要求刀纹、刀距、进刀深浅均匀一致；鱼背部刀纹应深些，腹部刀纹应浅些，并且背部与腹部的刀纹起点应相互错开。

## 三、十字花刀

十字花刀的刀纹是运用直刀推剞的刀法制成的，常用于鲤鱼、青鱼、鳜鱼等的加工。

【实例】鳜鱼的加工。

【操作过程】

1. 将鳜鱼清洗干净（见图 5–5）。

2. 先在鱼背上用直刀法切出一条条深至刺骨的直刀纹，再将鱼转个方向，与之前的直刀纹交叉，斜向剞一字形排列的刀纹（见图 5–6）。

【操作要领】加工时要求刀纹、刀距、进刀深浅均匀一致；鱼背部刀纹应深些，腹部刀纹应浅些。若原料体长且大需要剞花刀，刀距可小些；鱼体小的剞花刀，则刀距可大些。

图 5-5　清洗干净的鳜鱼

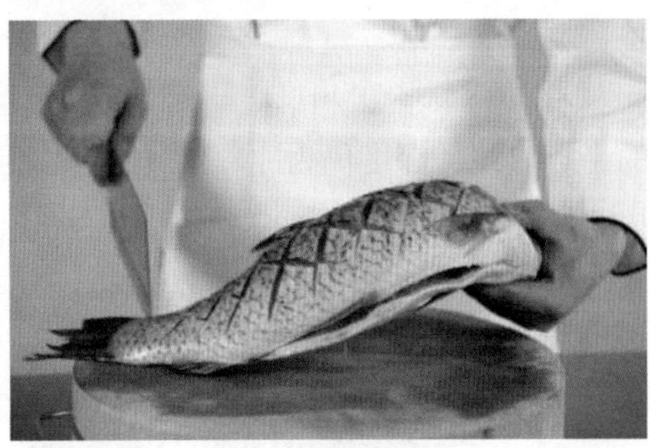

图 5-6　十字花刀展示

## 四、月牙形花刀

月牙形花刀的刀纹是运用斜刀拉剞的刀法制成的，常用于武昌鱼、平鱼等的加工。

【实例】平鱼的加工。

【操作过程】

1. 将平鱼清洗干净。

2. 在平鱼两面均匀剞上弯曲似月牙形的刀纹，刀纹间距约为 6 mm。

【操作要领】加工时要求刀纹、刀距、进刀深浅均匀一致；鱼背部刀纹应深些，腹部刀纹应浅些。

## 五、菊面花边形

菊面花边形是用两次直刀剞的刀法制作而成的，常用于鸡肫、鸭肫、青鱼肉等原料的加工。

【实例】菊花青鱼的加工。

【操作过程】

1. 带皮青鱼肉改刀成边长为 3 ~ 5 cm 的正方块，修去四角，使其呈圆形为最佳（见图 5-7）。

2. 先用直刀剞（深度为原料的 4/5）的方法在鱼肉上剞刀距为 0.2 ~ 0.3 cm 的刀纹（见图 5–8）。

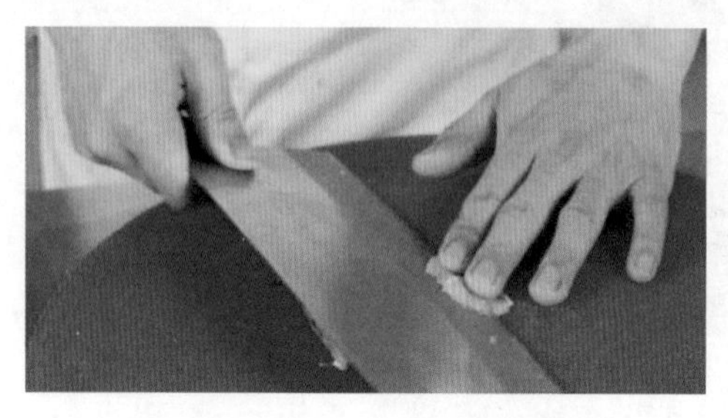

图 5–7　菊面花边形操作步骤 1

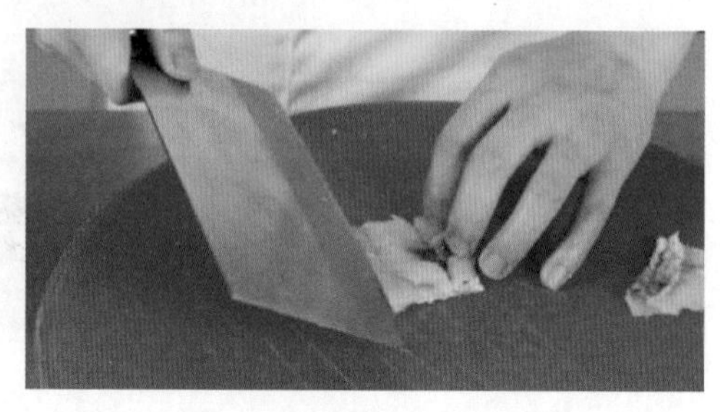

图 5–8　菊面花边形操作步骤 2

3. 把鱼肉换一个角度，仍然用直刀的刀法，剞一条条与上一步骤中的刀纹垂直相交的平行刀纹，深度仍为原料的 4/5，刀距为 0.2 ~ 0.3 cm（见图 5–9）。

4. 菊花形可以先剞花刀，再改刀成块，块可以是方块，也可以是三角形块。加热后，即可形成似菊花的形状（见图 5–10）。

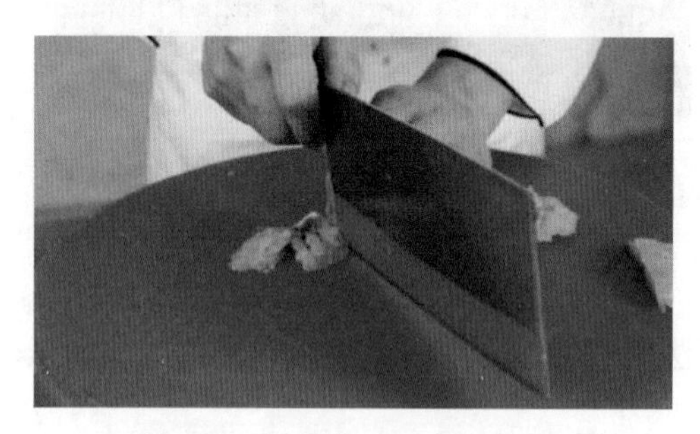

图 5–9　菊面花边形操作步骤 3

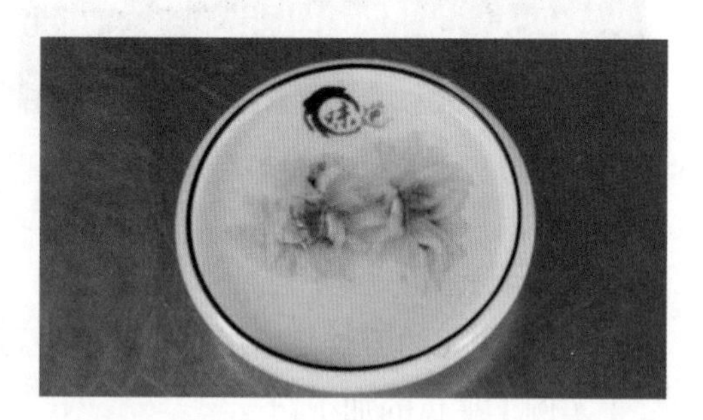

图 5–10　菊面花边形展示

【操作要领】鱼是较细嫩的原料，故鱼皮不能去掉，否则易碎；刀距不可过小，因鱼丝过细易断。

## 六、牡丹形花刀

牡丹形花刀的刀纹是运用平刀片（批）、斜刀（或直刀）推剞等方法加工制成的。

【适用原料】黄花鱼、青鱼、鲤鱼等。

【用途举例】用于制作糖醋鱼等。

【加工要求】在选择原料时，净重约 1 500 g 为宜，且每片的大小要一致，剞刀次数要相等。

【操作过程】

1. 在鱼身左侧，由左部胸鳍后下刀，斜刀至鱼脊骨，然后将刀身放平，贴鱼骨向头部推片至鱼眼处。

2. 隔 4 cm 重复操作一次（见图 5–11）。

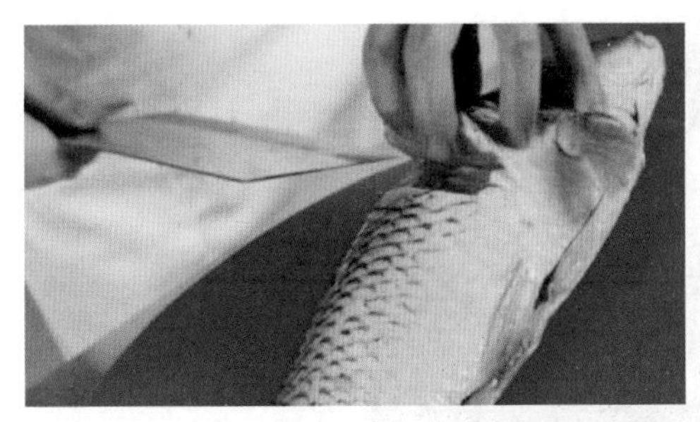
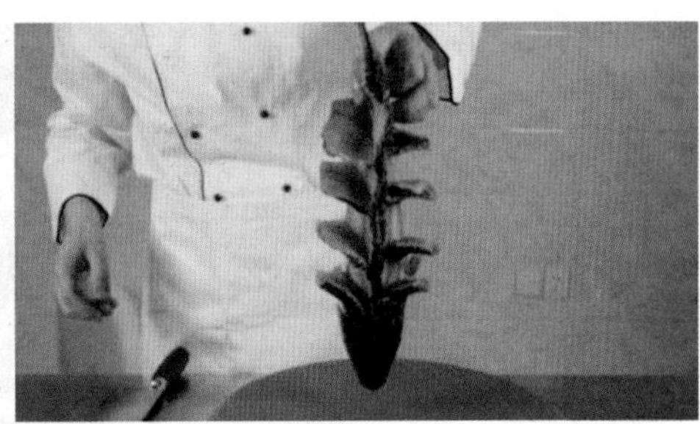

图 5–11 牡丹形花刀展示

## 七、荔枝形花刀

荔枝形花刀的刀纹是运用直刀剞的方法制成的。

【适用原料】鱿鱼、腰子等。

【用途举例】用于制作芫爆腰花、荔枝鱿鱼等。

【加工要求】刀距、进刀深浅、分块需均匀一致方能符合美观的要求。

【操作过程】

1. 将食材用直刀剞花纹（见图 5–12）。
2. 将原料转一个角度，用直刀剞花纹，剞成与第一次呈 45° 的相交花纹（见图 5–13）。

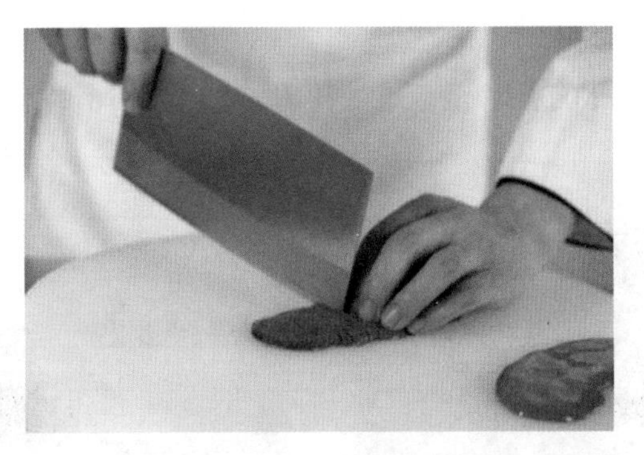

图 5–12 荔枝形花刀操作步骤 1

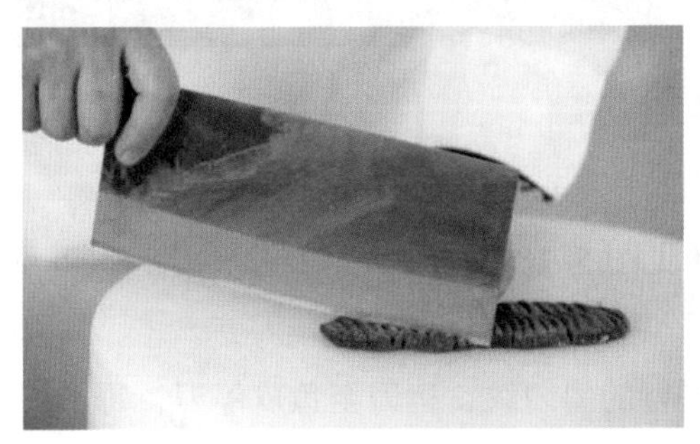

图 5–13 荔枝形花刀操作步骤 2

3. 成品边长约 3 cm（见图 5–14）。

图 5–14　荔枝形花刀展示

## 八、松鼠形花刀

松鼠形花刀是运用斜刀拉剞、直刀剞等方法加工制成的。

【适用原料】鲤鱼、大黄花鱼、鳜鱼等。

【用途举例】用于制作松鼠黄鱼、松鼠鳜鱼等。

【加工要求】刀距、进刀深浅、斜刀角度需要保持均匀一致，原料选择净重约 2 000 g 的鱼为宜。

【操作过程】

1. 砍掉鱼头（见图 5–15）。

2. 沿鱼的脊椎骨用平刀推片至鱼尾处停刀（见图 5–16）。

图 5–15　松鼠形花刀操作步骤 1

图 5–16　松鼠形花刀操作步骤 2

3. 使鱼肉与主骨分离（见图 5–17）。

4. 另外一边也同样操作，去掉脊椎骨（见图 5–18）。

5. 将鱼肉修整好。

6. 用拉刀剞的方法将鱼肉剞成一条条平行的斜刀纹，运刀至鱼皮停刀，每刀间隔距离约 3 cm（见图 5–19）。

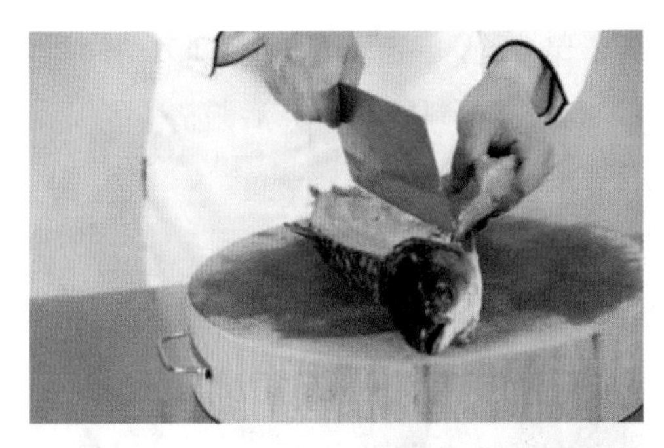

图 5–17　松鼠形花刀操作步骤 3

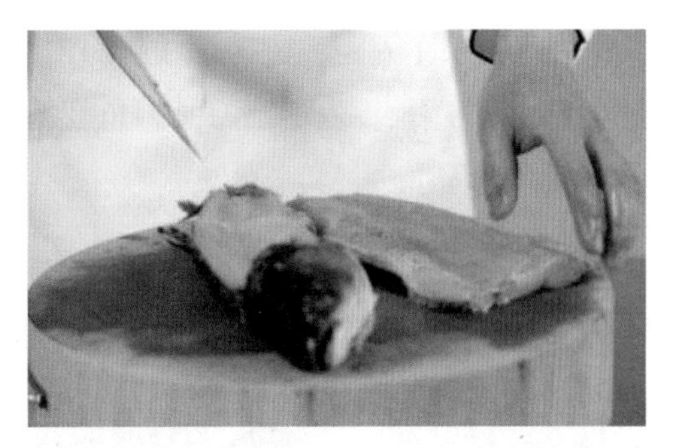

图 5–18　松鼠形花刀操作步骤 4

图 5–19　松鼠形花刀操作步骤 5

7. 将鱼肉翻转 90°，用直刀剞的方法剖剞成一条条与斜刀纹呈直角相交的平行直刀纹，深度到鱼皮，间隔约 1 cm（见图 5–20）。

图 5–20　松鼠形花刀操作步骤 6

8. 用上述方法将鱼的另外一面也剞一次，最后加上鱼头和鱼尾，摆好造型。

## 九、麦穗形花刀

麦穗形花刀的刀纹是运用直刀推剞和斜刀推剞加工制成的。

【适用原料】鱿鱼、腰子等。

【用途举例】用于制作油爆鱿鱼卷、炒腰花等。

【加工要求】刀距、进刀深浅、斜刀角度需要保持均匀一致，大麦穗剞刀的倾斜角度越小，麦穗越长。麦穗剞刀倾斜角度的大小，应根据原料的厚薄灵活调整。

【操作过程】

1. 将原料斜刀推剞（见图 5–21）。
2. 倾斜角度约为 40°，刀纹深度是原料厚度的 4/5（见图 5–22）。

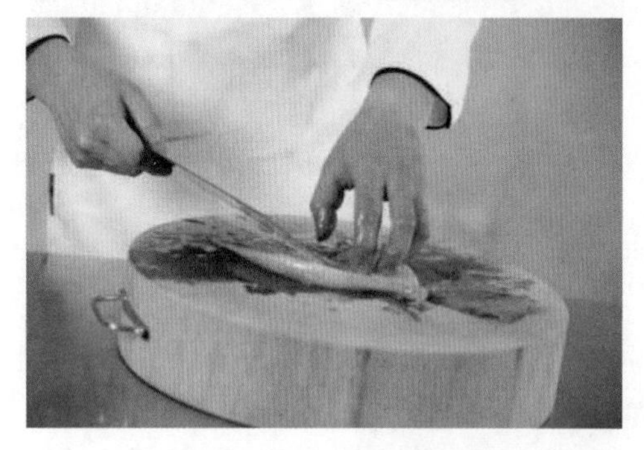
图 5–21 麦穗形花刀操作步骤 1

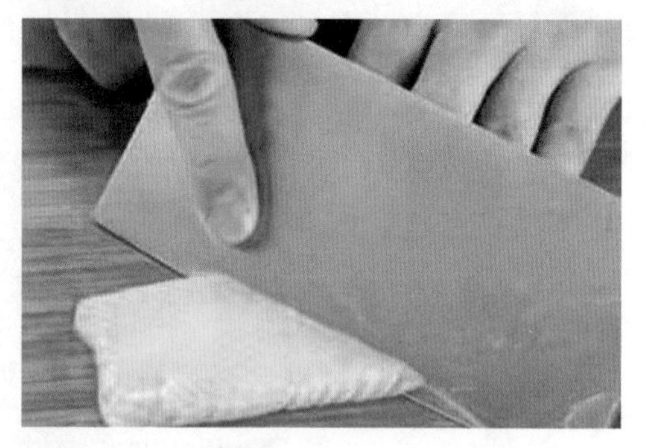
图 5–22 麦穗形花刀操作步骤 2

3. 换一个角度，直刀推剞，与斜刀推剞相交，呈 70° ~ 80° 度为宜（见图 5–23）。
4. 改刀切成块（见图 5–24）。
5. 加工成型的效果（见图 5–25）。

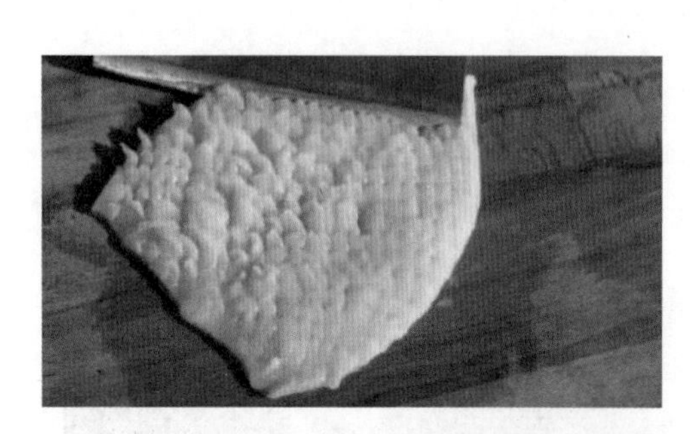
图 5–23 麦穗形花刀操作步骤 3

图 5–24 麦穗形花刀操作步骤 4

图 5–25 麦穗形花刀操作步骤 5

## 十、蓑衣形花刀

蓑衣形花刀的刀纹是运用直刀剞和斜刀推剞等方法加工制成的。

【适用原料】黄瓜、青瓜、莴笋、冬笋、豆腐干等原料。

【用途举例】多用于冷菜拼盘的制作。

【加工要求】要求刀距、进刀深浅、分块均匀且保持一致。

【操作过程】

1. 将原料一面用直刀剞或斜刀推剞剞上一字刀纹，刀纹深度为原料厚度的 1/2。
2. 将原料的另外一面也用同样的刀法进行加工。
3. 成品呈蓑衣状（见图 5–26）。

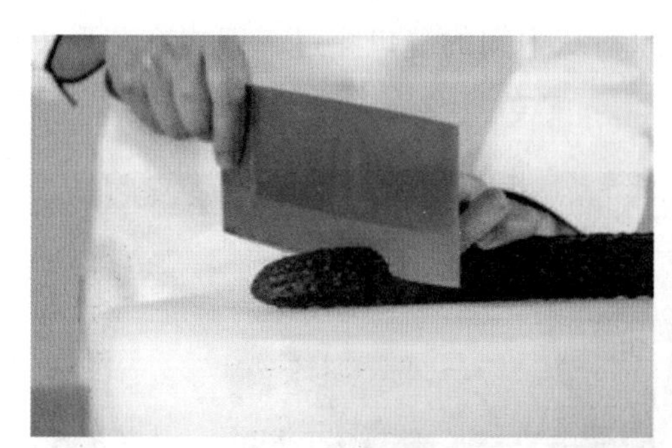
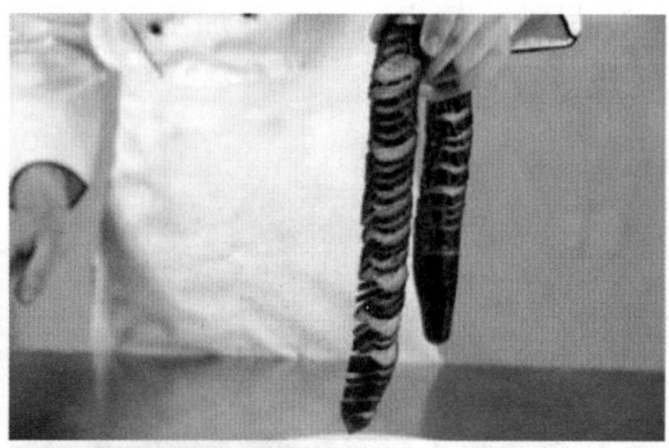

图 5–26　蓑衣形花刀展示

## 十一、麻花形花刀

麻花形花刀原料成型是用刀尖划再经穿拉而成。

【适用原料】肥膘肉、通脊肉、腰子等。

【用途举例】用于制作芝麻腰子、软炸麻花腰子等。

【加工要求】刀口长短应一致，成型规格应相同。

【操作过程】

1. 原料片成长片，并且在中间顺长划开约 3.5 cm 的口子（见图 5–27a），在口子的一侧划上约 3 cm 长的口（见图 5–27b）。

a） b）

图 5–27 麻花形花刀操作步骤

2. 另外一侧也运用此种加工方法。将原料从中间的缝口穿过，即成麻花形（见图 5–28）。

图 5–28 麻花形花刀展示

## 十二、鱼鳃形花刀

鱼鳃形花刀的刀纹是运用直刀推剞或斜刀拉剞的方法加工制成的。

【适用原料】茄子、腰子等。

【用途举例】用于制作鱼鳃茄片、鱼鳃腰片等。

【加工要求】刀距应均匀，且保持刀口大小一致。

【操作过程】

1. 用直刀推剞的方法剞出数行平行的刀纹，深度约为原料的 4/5（见图 5–29）。

2. 将原料转一个角度，用斜刀拉剞剞出与直刀纹垂直的平行斜刀纹。在第 2 片的时候片断（见图 5–30）。

## 十三、凤尾形花刀

凤尾形花刀的原料成型是运用直刀剞和斜刀剞的方法加工制成的。

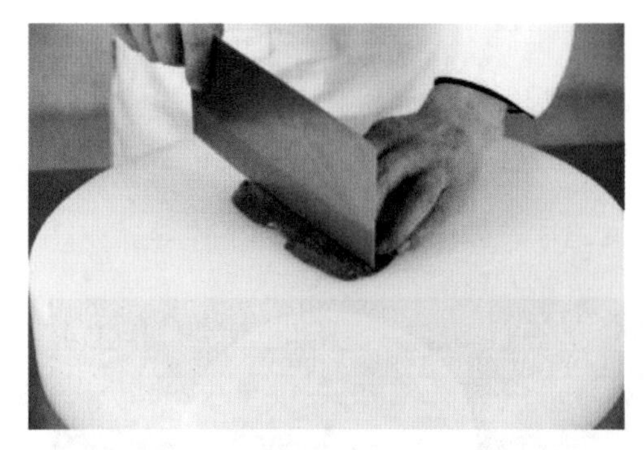

图 5-29　鱼鳃形花刀操作步骤 1

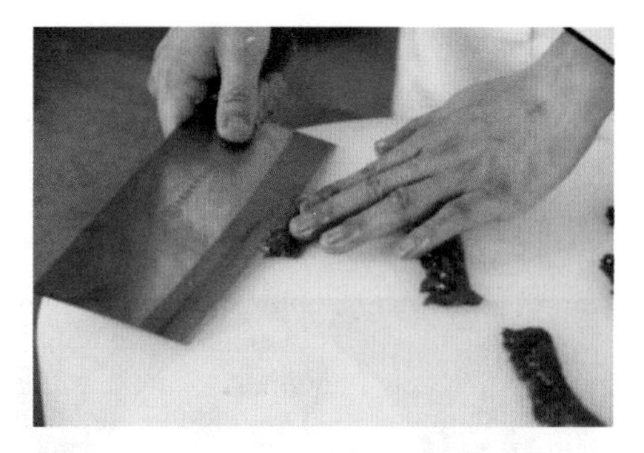

图 5-30　鱼鳃形花刀操作步骤 2

【适用原料】黄瓜、胡萝卜、冬笋等。

【用途举例】用于冷菜拼摆时围边或点缀之用。

【加工要求】每组分片应相等，刀距相对均匀。

【操作过程】

1. 用斜刀在食材上剞横纹，隔约 5 cm 一组（见图 5-31）。

图 5-31　凤尾形花刀操作步骤 1

2. 刀转 90°，在每组处切断（见图 5-32）。

3. 凤尾形花刀成品展示见图 5-33。

图 5-32　凤尾形花刀操作步骤 2

图 5-33　凤尾形花刀成品展示

## 十四、平面花边形（见图 5–34）

平面花边形花式多样、形态逼真，成型方法是将原料加工制成象形坯料，再横切成型。

【形状名称】梅花片、蝴蝶片、翅尾片、飞鸽片、齿边棱形片、寿字片等。

图 5–34　各种类型平面花边形

【适用原料】黄瓜、南瓜、莴笋、冬笋，以及各种萝卜等。

【成型用途】此形状多充当中、高档菜肴的配料，也可用于冷菜造型、围边装饰、点缀之用。

【加工要求】所加工成型的原料，要求工艺细腻，大小一致，长短相等，厚薄均匀。

【操作方法】加工时，用刀加工内原料修成如鸽子、蝴蝶等象形形态，然后根据不同的用途，切成厚薄不等的片。

## 单元测试题

### 一、填空题（请将正确的答案填在横线空白处）

1. 麦穗形花刀是先用______在原料表面剞上一条条平行的刀纹，再将原料转一个角度，用______剞上一条条与______交叉的______，然后改刀成______，加热后即卷曲成麦穗形状。

2. 松鼠形花刀的刀纹，是运用______和直刀剞刀法制成的。

3. 荔枝形花刀的刀纹，是运用______刀法制成的。

4. ______花刀的操作要求是在原料表面直剞十字交叉刀纹，适用于鲤鱼、青鱼等原料。

5. 斜一字花刀的刀纹，是运用直刀或______刀法制成的。

6. 月牙形花刀的刀纹，是运用______的刀法制成的。

7. 牡丹形花刀是在鱼体两侧斜剞弧形刀纹，深至椎骨，鱼肉翻开呈______。

8. 荔枝花刀在原料表面剞的十字交叉刀纹采用的是______法。

### 二、判断题（下列判断正确的请在括号内打“√”，错误的请打“×”）

1. 混合剞就是在原料表面切割具有一定深度的直刀纹和斜刀纹的方法。（　　）

2. 斜一字花刀是斜剞交叉十字刀纹，刀距约 2 mm 顺向切成约 5 cm × 3 cm 长方形的块。（　　）

3. 蓑衣形花刀适用于加工肉薄的带皮鱼、鸭肫、鹅肫等原料。（　　）

4. 柳叶花刀是先在原料表面直剞平行刀纹，再转 90° 切或斜批成连刀片。（　　）

5. 牡丹形花刀是在鱼体两侧斜剞弧形刀纹，深至椎骨，鱼肉翻开呈花瓣形。（　　）

6. 大麦穗剞刀的倾斜角度越小，麦穗越长。（　　）

7. 鱼鳃形花刀在厚度约 2 cm 的原料上完成。（　　）

8. 松鼠形花刀主要适用于“松鼠鳜鱼”等菜品。（　　）

## 三、单项选择题（下列每题的选项中，只有 1 个是正确的，请将其代号填在括号内）

1. 花刀法适用于加工（　　）。

A. 质地脆嫩的原料　　B. 便于成熟的原料

C. 坚硬有韧性的原料　　D. 遇热后卷曲成型的原料

2. 麦穗花刀的深度为原料深度的（　　）。

A. 2/3　　B. 1/2　　C. 4/5　　D. 3/5

3. 十字花刀适用于（　　）。

A. 干烧鲳鱼　　B. 清蒸鲈鱼

C. 红烧鲤鱼　　D. 清蒸武昌鱼

4. 剞蓑衣花刀的最佳刀距为（　　）平行刀纹。

A. 7 ~ 8 mm　　B. 1 ~ 2 mm

C. 4 ~ 5 mm　　D. 5 ~ 6 mm

## 四、多项选择题（下列每题的选项中，至少有 2 个是正确的，请将其代号填在括号内）

1. 剞花刀的目的包括（　　）。

A. 可以缩短原料的成熟时间　　B. 便于异味散发

C. 利于卤汁的吸附　　D. 美化菜品造型

2.（　　）属于花刀成型方法。

A. 松鼠形　　B. 菊花形　　C. 荔枝形

D. 麦穗形　　E. 麻花形

3. 菊花形花刀适合的烹调方法有（　　）。

A. 清蒸　　B. 炸熘　　C. 醋熘

D. 软熘　　E. 爆汆

## 五、简答题

1. 请简述花刀技法的概念。

2. 花刀工艺在中式烹调中的重要性有哪些？

## 六、操作题

制作蓑衣黄瓜。

## 单元测试题答案

### 一、填空题

1. 斜刀推剞法　直刀推剞法　斜刀纹　直刀纹　块状　2. 斜刀拉剞　3. 直刀剞　4. 十字　5. 斜刀推剞　6. 斜刀拉剞　7. 花瓣形　8. 直刀剞

### 二、判断题

1. ×　2. ×　3. ×　4. ×　5. √　6. √　7. ×　8. √

### 三、单项选择题

1. C　2. C　3. A　4. B

### 四、多项选择题

1. ABCD　2. ABCDE　3. BE

## 五、简答题

1. 花刀技法是指运用不同的刀法在原料上剞成深而不透的横的、竖的、斜的等刀纹，使韧性原料加热后质地脆嫩且成熟一致，卷曲成各种美观的花刀纹。

2. 花刀工艺在中式烹调中的重要性主要表现在以下两个方面。

（1）增加了菜肴的美感，激发了人们的食欲。菜品作为菜肴的原料，其本身与普通食物没有任何区别，只是通过厨师们的刀工美化，可以将其雕刻出各式各样的形状，这在一定程度上可以美化菜肴、烘托饮食气氛，最主要的是使人们在品尝美味佳肴的同时得到一种美的享受，进而增加食欲。

（2）增加了菜肴的花色品种，实现了美观和实用的有机结合。菜品的种类具有一定的局限性，正是经过厨师们的刀工美化，使得同一原料呈现出各种不同的形状，整齐、均匀多姿的刀工可增加菜肴的花色品种，达到美观与实用有机结合的效果，丰富了菜肴的形态，提升了菜肴的档次。

## 六、操作题

注意点：运刀姿势应符合标准，刀纹间距以及深度应均匀统一。

# 蔬菜类食材加工刀法

## 引导语

烹饪原料分解加工的目的是使原料符合后续加工的要求，多方位体现原料的品质特点，扩大原料在烹饪加工中的使用范围，满足不同人群对菜肴的多种需求。然而，不同种类的食材切割加工方法也有差异。烹饪中常见的需要进行切割加工的食材分为两大类，即蔬菜类和肉类。两类食材由于质地以及在菜肴中的呈现方式等因素的不同，加工要求也有差别，在厨房中，两类食材所使用的菜墩也有所区分。蔬菜作为烹调中常用的食材，可以根据原料的性质划分为很多分解加工方法，以求物尽其用。

在本单元中，将分别介绍叶菜类、茎菜类、根菜类、果菜类、茄果类、花菜类、菌菇类的切割加工方法，并以此知识点为基础，结合实例进行讲解。

## 培训目标

熟悉蔬菜类原料的加工原则

掌握常用蔬菜类食材的加工刀法

能分析确定不同蔬菜类食材的分解加工方式，并用以指导实践

## 第1节　蔬菜类原料加工

### 一、加工原则

在正式对烹饪原料进行切割加工前，往往需要对新鲜的蔬菜、家畜、家禽、水产品及干制原料进行摘剔、宰杀、剖剥、拆卸、洗涤、涨发等加工处理，这个过程我们称为烹饪原料的初步加工，又叫清理加工，这是正式刀工前的准备阶段。原料的初步加工需遵循如下原则。

#### 1. 清除杂物和不可食用部分

从市场上采购的烹饪原料一般都带有污物，多数还带有一些不可食用的部分，必须经过刮削、摘剔加以清除，并洗涤干净。尤其对于生食原料，如黄瓜、萝卜、生菜等，必须进行清理加工，将细菌杀灭才可食用。

#### 2. 讲究加工方法，保存原料营养成分

在初步加工时，应尽可能节约食材，避免不必要的浪费。除此之外，应尽量保留各种原料所含的营养成分。如多数鱼类在初步加工时需将鱼鳞刮干净，但新鲜的白鳞鱼和鲥鱼的鱼鳞不可刮去，因为它们的鳞片中含有一定量的脂肪，在加热后能溶于鱼体内，进而增加鱼的鲜美滋味，鳞片柔软并且具有食用性。对于新鲜的蔬菜，既需要摘剔干净，也不能过多地舍去可食部分。

#### 3. 采用相应的加工方法，确保菜肴的形状、色泽、口味

鲜活原料在初加工的过程中，需根据原料的性质与烹制菜肴成品的要求，采取相应的加工方法，使菜肴成品在“色、香、味、形”等方面不受影响。例如，为了除去蔬菜里的苦涩之味并保持其原有的鲜艳颜色，可采用焯水的方法，焯水后需用凉水将原料冲冷，否则，蔬菜中的叶绿素会在高温的作用下氧化，进而使蔬菜的色泽变黄。宰杀鸡、鸭时，血需放尽，否则，肉的色泽会变红，从而影响菜肴的质量。用于制作红烧黄鱼、干烧黄鱼等菜肴的鱼，在去内脏时，不宜将鱼的腹部剖开，必须从口腔中将内脏卷出，否则，鱼在经过加热后，其腹部收缩性比较大，显得鱼体瘦小，最终影

响菜肴形态。鱼类腹腔内的黑膜和血液腥味较重，加工时一定要清除干净。动物内脏在初加工时，必须采用“盐醋搓洗、里外翻洗”等方法处理，清除黏液和污物，并经过适当焯水，祛除异味，确保菜肴良好的滋味和口感。

**4. 合理地使用原料，尽量减少损耗**

在摘剔、刮削、拆卸、洗涤等初加工过程中，应合理使用原料，注意节约，杜绝浪费，努力做到物尽其用。切忌将可食部分随意去掉，造成资源浪费。例如，鸭肝、鸭肠、鸡肫经加工后均可用于烹制菜肴。加工时，还应充分考虑下脚料的合理使用，不可随意丢弃。应尽可能对其进行再加工，物尽其用。

## 二、蔬菜类原料的初步加工

新鲜蔬菜是烹制各种菜肴的重要原料，它既可以作为菜肴的配料，也可作为主料单独制成菜品，如拌黄瓜、炝芹菜、奶汤蒲菜、油焖冬笋等。还可用蔬菜制作出一些高档菜品，如素虾仁、素燕菜等。一些素菜馆还可仅用蔬菜制作出整桌菜肴。在加工蔬菜时，应该注意以下事项。

1. 蔬菜在进行初加工时，应该将老叶、枯叶、叶帮、老根等不能食用的部分清除干净。同时，还应注意尽量对可食的部分加以保存。

2. 蔬菜的洗涤整理是很重要的一道加工程序，必须确保清洁卫生，保证食品安全。通常用清水洗净，对于带有虫卵、泥沙、杂质，以及被农药、致病微生物、工业三废污染过的蔬菜则需要认真清洗，可采用刷洗、冲洗、漂洗等方法。

3. 各种蔬菜都含有丰富的无机盐和维生素，在加工过程中，应尽可能地减少食品营养成分的损失。在加工的程序上，最宜先洗后切，若先切后洗，不仅从原料改刀的刀口处易流失较多的营养成分，还增加了细菌的感染面积。

4. 蔬菜在初加工时，应尽量利用可食用的部分，并做到物尽其用。例如，莴笋一般食用茎部，实际上，莴笋的叶子同样具有食用价值，其口味与生菜的口味类似；又如青菜，菜心可用来做菜肴，菜帮可用来制馅等。

## 第2节　蔬菜类食材的加工刀法

蔬菜品种广泛，可食用部分不尽相同，故初步加工的方法有很多。现将常用的几种蔬菜加工方法介绍如下。

### 一、叶菜类

叶菜类是指以肥嫩的叶柄及菜叶作为烹调原料的蔬菜。常用的品种有：大白菜、生菜、韭菜、菠菜、油菜、卷心菜、荠菜、椿头等。加工方法如下。

**1. 摘剔**

叶菜类蔬菜在加工时，应先将老叶、枯叶、老根、老帮、杂物等不能食用的部分剔除，并清除干净泥沙。

**2. 洗涤**

叶菜类蔬菜多采用清水洗涤，也可采用盐水洗涤。具体的方法如下。

（1）清水洗涤。将经过摘剔整理的蔬菜放入清水中浸泡一会儿，并洗去菜上的泥土，通过反复清洗使其干净。此方法适用于大多数蔬菜。

（2）盐水洗涤。加工整理后的蔬菜，应放入2%浓度的食盐溶液中浸泡5 min，再用清水反复洗净。盐水洗涤法主要用于洗涤叶柄或叶片上带有虫卵的蔬菜。夏秋季节上市的蔬菜，附在叶柄或叶片上的虫卵较多，用清水一般很难洗掉，将蔬菜放入适当浓度的盐水中浸泡后，可使虫卵的吸盘收缩脱落，从而便于清洗干净。

### 二、茎菜类

茎菜类是指以肥大的嫩茎作为烹调原料的蔬菜。常用的品种有洋葱、葱、姜、蒜、冬笋、茭白、莴笋、土豆、藕等。加工方法如下。

**1. 土豆、藕、莴笋、芋头等带皮的原料**

用刀刮去或削去外皮后用清水洗净，放入凉水中浸泡备用。

#### 2. 冬笋、茭白等带壳原料

先将壳去掉，削去老根和硬皮。鲜冬笋必须用水煮透，去其所含的单宁酸（涩味很重）后，方能食用。鉴别冬笋是否煮透，可从冬笋加热前后颜色上的变化来区别，加热前呈白色，熟透后呈浅黄色。

#### 3. 葱、姜、蒜

大葱剥去外皮，切去老根后洗净；姜刮去外皮，用清水洗净；蒜剥去外皮洗净，为了便于去皮，可先将蒜头放入水中略泡一下，待蒜皮松软时，去皮会容易很多。

茎菜类的蔬菜大多含有单宁酸，去皮时，与铁器接触极易氧化变色，所以在去皮后，应立即放入凉水中浸泡或去皮后立即使用，以防呈现锈斑色。

### 三、根菜类

根菜类是指以肥大根部作为烹调原料的蔬菜。常用的品种有山药、萝卜、胡萝卜等。加工方法如下。

#### 1. 山药

先洗净再用刀削去外皮，放入凉水中浸泡备用，也可蒸熟后去皮使用。

#### 2. 萝卜、胡萝卜

削去头部和尾部的老皮，用清水洗净即可。

### 四、果菜类

果菜类是指以植物的瓠果作为烹调原料的蔬菜。常用的品种有黄瓜、丝瓜、冬瓜、苦瓜、西葫芦等。加工方法如下。

#### 1. 冬瓜、苦瓜

削去外皮，由中间切开，挖去籽，洗净即可。

#### 2. 黄瓜

嫩时用清水洗净即可；质老时亦可将外皮和籽去掉，再用清水洗净即可。

#### 3. 丝瓜、西葫芦

刮去外皮，洗净即可。

### 五、茄果类

茄果类是指以植物的浆果作为烹调原料的蔬菜。常见的品种有番茄、辣椒、茄子等。加工方法如下。

#### 1. 茄子

去蒂并削去外皮，洗净即可。

**2. 番茄**

先用清水洗净，再用开水略烫，用冷水浸凉后，剥去外皮即可。

**3. 辣椒**

去蒂、籽，洗净即可。

## 六、花菜类

花菜类是指以植物的花作为烹调原料的蔬菜。常用的品种有黄花菜、韭菜花、花椰菜（花菜）、西兰花（青花菜）、白菊花等。这类蔬菜最大的特点是质嫩且易于人体消化吸收，为理想的烹调原料。加工方法如下。

**1. 黄花菜**

去蒂和花心洗净，焯水后再用凉水浸透即可使用或晒干备用。

**2. 白菊花**

将花瓣取下，用清水洗净即可。

**3. 花椰菜**

去茎叶洗净，入沸水锅烫透，然后放入冷水中浸凉即可。

**4. 韭菜花**

用冷水洗净，一般经腌制后使用。

## 七、菌菇类

食用菌类是以无毒菌类的实体作为食用部位的蔬菜。如香菇、平菇、金针菇、猴头菇等。加工方法是去掉杂物和根后洗涤干净。

## 第3节　蔬菜类食材加工实例

**1. 青菜的一般加工**

【加工步骤】摘剔→洗涤

先用刀把青菜的老根去掉，随即剥去老叶和黄叶。剥下嫩的菜叶，连同菜心一起放入冷水盆里，洗净即可。

**2. 菜心**

【加工步骤】摘剔→刀工整理→洗涤

先把青菜的老根切除，剥去老叶、黄叶等不能食用的部分，留下菜心，然后用刀顺菜心根部边旋转边削一周，再放在水中浸泡，清洗干净。菜心的加工如图 6–1 所示。

图 6–1　菜心的加工

3. 菜梗、菜叶

【加工步骤】摘剔→刀工整理→洗涤

先切去青菜的老根，剥去青菜的黄叶和老叶。用刀顺着菜梗和菜叶的连接部位切开，把青菜分成菜梗、菜叶两部分。分别用两个水盆，把菜梗和菜叶用冷水清洗干净。菜梗、菜叶的加工如图 6–2 所示。

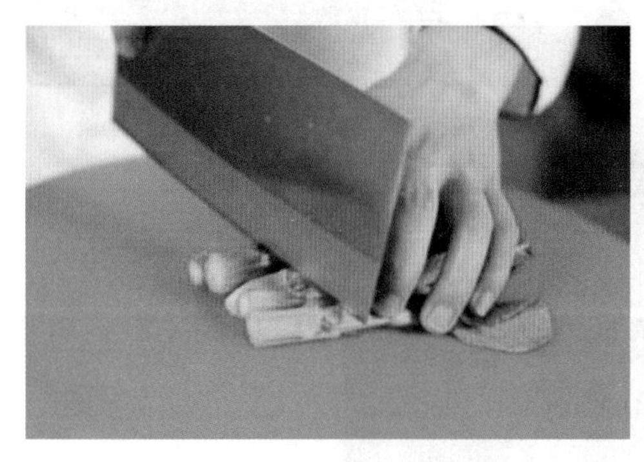

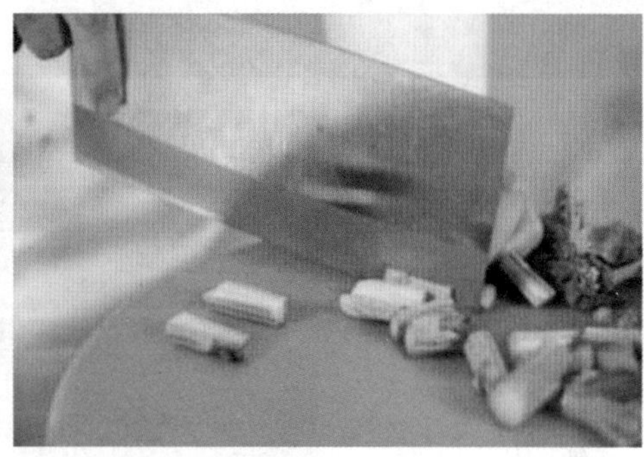

图 6–2　菜梗、菜叶的加工

4. 芹菜

【加工步骤】切去老根→抽打去叶→洗净→初步熟处理

用刀切去老根，剥去老叶、老茎，随后取方竹筷两根，用方的一端用力地抽打芹菜的叶片，至芹菜叶片脱尽，在抽打时，注意用力要均匀，并且要把芹菜的各个部位均匀地抽打一遍。将去叶的芹菜放在清水盆里浸泡约 5 min，然后用水冲洗干净，用力清洗便于去根部的泥土。质地较老的芹菜可事先进行初步熟处理。在加工过程中，应先将锅内的水烧沸，然后投入整理干净的芹菜，水滚后即可捞出，放入冷水盆内浸泡待用。芹菜的加工如图 6–3 所示。

5. 韭菜

【加工步骤】摘剔→洗涤→改刀→盐码

先拣去韭菜中的烂叶、黄叶、杂草等不能食用的部分，在清水盆中浸泡片刻，再用水冲洗干净，根部要用接洗的方法洗净泥沙。制作馅心时，需改刀成小粒状，并用盐码味，腌制 5 min 后，将水分挤去即可。韭菜的加工如图 6–4 所示。

6. 蕹菜

【加工步骤】摘剔→洗涤

蕹菜质地软，摘剔时无须用刀加工。先摘去老叶、老根，留下叶，随后放入清水盆中浸泡 5 min，再用清水洗净即可。

图 6-3　芹菜的加工

图 6-4　韭菜的加工

**7. 丝瓜**

【加工步骤】去皮→洗涤

质地较老的丝瓜，应先用刀削去皮，再放入清水中冲洗干净；质地较嫩的丝瓜先用小刀削去表面绿衣，再冲洗干净即可。丝瓜的加工如图 6–5 所示。

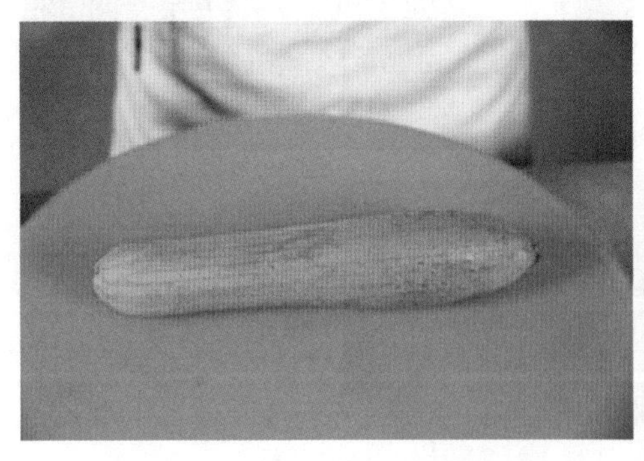
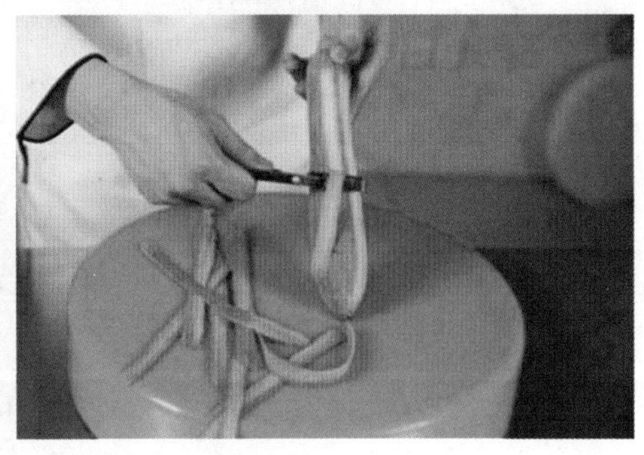

图 6–5　丝瓜的加工

**8. 冬笋**

【加工步骤】去壳→修净老根、笋衣→洗涤

先去除冬笋的外壳，再切去笋的老根，并修除老皮及笋衣，用水洗净。

**9. 芋头**

【加工步骤】刮去皮→洗涤→清水浸

用刀刮去芋头的外皮，放在冷水中边冲边洗，洗去白沫和污物后，将洗净的芋头捞出，浸没在清水中备用。

**10. 荸荠**

【加工步骤】削去外皮→洗净→煮→清水浸

用刀削去荸荠的外皮，然后用水洗净即可。也可将洗净的荸荠放入冷水锅内，待水烧沸，一起倒入冷水盆里洗去粉液，浸没在清水里备用。

**11. 藕**

【加工步骤】刮去黑衣→捅洗去泥沙→浸泡

将藕的根部切去，然后用刀刮去藕表面的黑衣。用清水冲洗藕，如果孔内污泥多且无法洗净，可用竹针或筷子穿入藕孔内，边冲边捅。藕的加工如图 6–6 所示。如果污泥多且厚，无法捅出，可用刀沿着藕孔切开冲洗，浸泡于水中备用。

图 6–6　藕的加工

12. 慈姑

【加工步骤】洗涤→刮削去衣→洗涤→水煮→洗涤

用水冲洗，并去除污泥，用刀刮削去衣，再用水洗净。锅内放入冷水，将慈姑放入煮沸后，捞出，用清水洗去白沫备用。

13. 大蒜

【加工步骤】去衣→洗涤

大蒜去衣可用手撕剥，有些衣薄而紧密，用手撕剥时，费时费力，可用刀切去大蒜的尖部和根部，用刀身对着大蒜，竖直拍下，拍松拍散，使大蒜直接脱落出来。个别蒜衣无法脱落的，可用刀身用力拍几下。将去衣后的大蒜清洗干净即可。大蒜的加工如图 6–7 所示。

14. 茭白

【加工步骤】去壳→切根→（削皮）→洗涤

先用刀沿壳划一刀，然后用手剥去外壳，并且用刀切去根，质地老的茭白，需要用小刀削皮，用水洗净即可。加工后的茭白如图 6–8 所示。

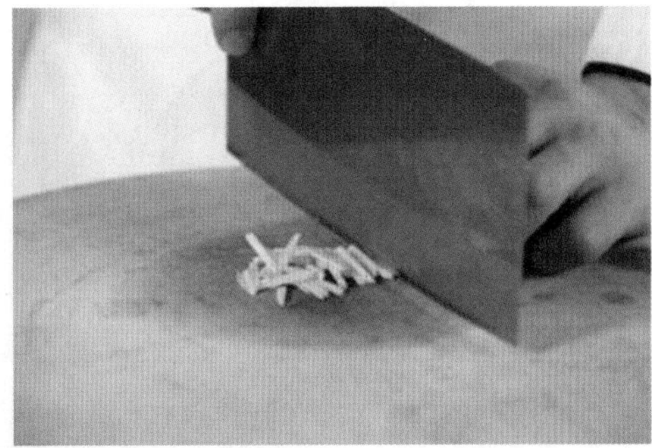

图 6–7　大蒜的加工

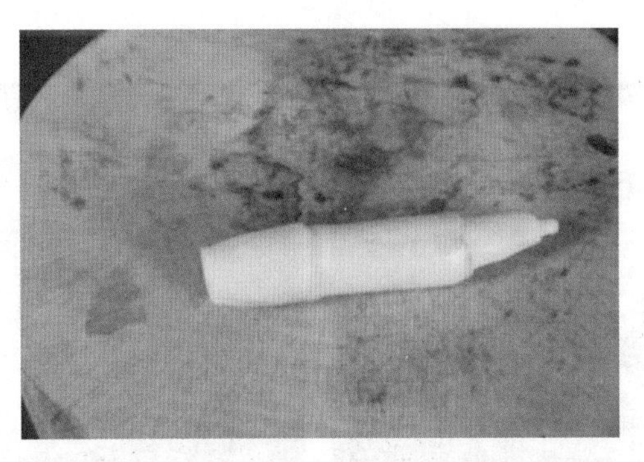

图 6–8　加工后的茭白

**15. 洋葱**

【加工步骤】刀工处理→去皮→洗涤

用刀先切去洋葱的两头，并在表面一层划一刀，然后用手剥去外面一层皮，用清水清洗即可。洋葱的加工如图 6–9 所示。

**16. 山药**

【加工步骤】刨去外皮→洗涤→浸泡

用刨刀直接刨去外皮，然后放入水盆里，用清水清洗干净，浸泡于清水里备用。加工后的山药如图 6–10 所示。

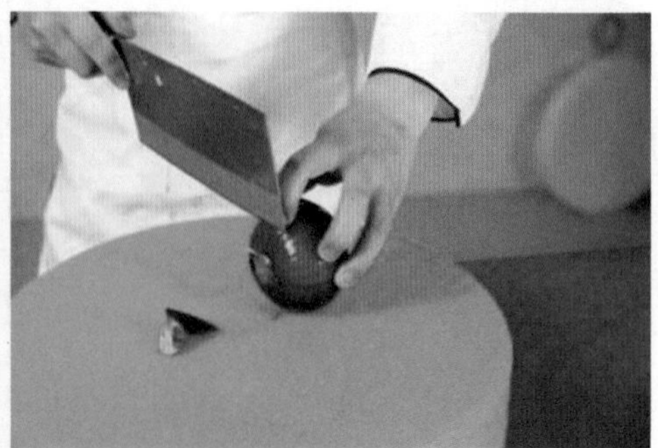

图 6-9 洋葱的加工

图 6-10 加工后的山药

**17. 西兰花**

【加工步骤】去茎叶→洗涤→初步熟处理

用刀修去西兰花的茎叶，洗净后放入沸水锅中煮片刻，捞出并浸入凉水中备用。西兰花的加工如图 6–11 所示。

图 6–11　西兰花的加工

**18. 鲜蘑菇**

【加工步骤】刷洗去泥沙→洗涤→初步熟处理

用软刷子刷去泥沙，边冲边刷，待泥沙完全去除后，再用水冲洗，然后放入沸水锅烫一下即起，用冷水冲凉备用。鲜蘑菇的加工如图 6–12 所示。

**19. 金针菇**

【加工步骤】去根→洗涤

先把金针菇质地较老的根部切除，再拣去杂物，置于清水中浸泡片刻，然后冲洗干净。金针菇的加工如图 6–13 所示。

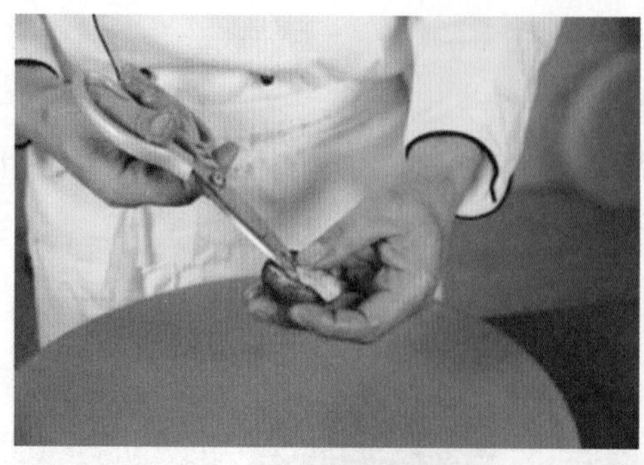

图 6-12　鲜蘑菇的加工

图 6-13　金针菇的加工

## 单元测试题

### 一、填空题（请将正确的答案填在横线空白处）

1. 鲜活原料初加工的方法有______、______、______、______、______、______。
2. 蔬菜根据食用部位分为______、______、______、______、______、______。
3. 丝瓜的初加工步骤为：______→______。
4. 土豆在初步加工时适用的步骤为：______→______→______。
5. 花菜类蔬菜是以植物的______为食用部位的原料。
6. 果菜类蔬菜是以植物的______为食用部位的原料。
7. 茎菜类蔬菜是以植物的______为食用部位的原料。
8. 叶菜类蔬菜是以植物的______为食用部位的原料。
9. 芹菜的初加工步骤为：______→______→______→______。

### 二、判断题（下列判断正确的请在括号内打“√”，错误的请打“×”）

1. 初加工指原料的宰、杀、涨发等加工工作。（　　）
2. 茭白的初加工只需要去壳洗净就可以了。（　　）
3. 芋头中含有丰富的单宁酸，去皮后应浸泡在水盆中。（　　）
4. 黄瓜属于荚果类蔬菜。（　　）

### 三、单项选择题（下列每题的选项中，只有1个是正确的，请将其代号填在括号内）

1. 食用部分为根的蔬菜是（　　）。

A. 土豆　　B. 莲藕
C. 萝卜　　D. 荸荠

2. 菌类蔬菜的初加工包括（　　）。

A. 初步整理和切配工序　　B. 洗涤和切配工序
C. 初步加工后洗涤和熟处理　　D. 切配工序和预熟处理

3. 蔬菜初加工的方法为（　　）。

A. 摘除整理、削剔处理、合理洗涤
B. 整理加工、洗涤得当、合理放置
C. 摘除整理、洗涤得当、削剔处理
D. 整理加工、合理洗涤、合理放置

4. 对蔬菜进行初加工时，下列选项中做法错误的是（　　）。

A. 按蔬菜规格分档加工　　B. 洗涤得当

C. 确保卫生　　D. 将蔬菜放入冰柜中冷冻保存

## 四、多项选择题（下列每题的选项中，至少有 2 个是正确的，请将其代号填在括号内）

1. 果菜类蔬菜初加工的方法是去除（　　）。

A. 泥沙　　B. 表皮　　C. 籽

D. 花瓣　　E. 菜叶

2. 叶菜类蔬菜的初加工主要是（　　）。

A. 摘剔　　B. 熟处理　　C. 浸泡

D. 焯水　　E. 洗涤

3. 蔬菜初加工时，应（　　）。

A. 尽量切小块　　B. 尽量切大块　　C. 洗后再切

D. 切后再洗　　E. 不能切块

4. 烹饪原料的初加工能够（　　）。

A. 保护营养素　　B. 促进营养素的吸收

C. 消除不利于营养的因素　　D. 增加营养素

E. 增加美感

5. 关于四季豆中毒，下列选项中说法正确的是（　　）。

A. 四季豆中毒是我国较常见的植物性食物中毒之一

B. 一年四季各地都有发生，以秋季多发

C. 病程较短，大多数病人在 24 h 之内恢复，预后良好

D. 炒四季豆时不宜过熟

E. 四季豆对人体有害无益

## 五、简答题

1. 鲜活原料初加工的原则有哪些？

2. 新鲜蔬菜初加工的质量要求有哪些?

3. 蔬菜洗涤方法有哪些?

4. 请简述原料初加工的主要方法。

5. 菜肴的属性有哪些?

6. 蔬菜在烹饪过程中怎么减少营养流失?

7. 简述蔬菜分类的方法。

## 六、操作题

请选择三种常用蔬菜原料进行初加工。

# 单元测试题答案

## 一、填空题

1. 摘剔　宰杀　剖剥　拆卸　洗涤　涨发　2. 叶菜类　茎菜类　根菜类　果菜类　茄果类　花菜类　3. 去皮　洗涤　4. 去皮　洗涤　浸泡　5. 花　6. 瓠果　7. 嫩茎　8. 叶柄及菜叶　9. 切去老根　抽打　洗净　初步熟处理

## 二、判断题

1. ×　2. ×　3. √　4. ×

## 三、单项选择题

1. C　2. C　3. A　4. D

## 四、多项选择题

1. ABC　2. ACE　3. BC　4. ABCE　5. ABC

## 五、简答题

1.（1）清除杂物和不可食用部分。

（2）讲究加工方法，保存原料营养成分。

（3）采用相应的加工方法，确保菜肴的形状、色泽、口味。

（4）合理地使用原料，尽量减少损耗。

2. 按规格整理加工；洗涤得当，确保卫生；合理放置。

3.（1）清水洗涤。将经过摘剔整理的蔬菜放入清水中浸泡一会儿，并洗去菜上的泥土，通过反复清洗使其干净。此方法适用于大多数蔬菜。

（2）盐水洗涤。加工整理后的蔬菜，应放入 2% 浓度的食盐溶液中浸泡 5 min，再用清水反复洗净。盐水洗涤法主要用于洗涤叶柄或叶片上带有虫卵的蔬菜。夏秋季节上市的蔬菜，附在叶柄或叶片上的虫卵较多，用清水一般很难洗掉，将蔬菜放入适当浓度的盐水中浸泡后，可使虫卵的吸盘收缩脱落，从而便于清洗干净。

4. 摘剔、宰杀、剖剥、拆卸、洗涤、涨发等。

5. 色、香、味、质、形、营、器七种。

6.（1）蔬果不要全去皮，蔬果皮中含有丰富的叶绿素、维生素、膳食纤维和抗氧化物质。

（2）蔬菜先洗后切，避免部分B族维生素和维生素C等水溶性维生素以及部分无机盐流失。

（3）菜别切得太碎，菜切得越小块，其与空气和热锅接触的面积也越大，在烹制过程中营养损失也越多。

（4）焯菜时间别太久。有些蔬菜需要焯烫一下以去除农药残留物和草酸，但如果焯烫时间太长，也会造成营养流失。

7.（1）植物学分类方法是根据蔬菜植物的自然进化系统，按照科、属、种和变种进行分类的，其特点是能够了解各种蔬菜的亲缘关系。

（2）食用器官分类方法是根据主要食用器官的不同进行分类的。主要分为根菜类、茎菜类、叶菜类、花菜类、果菜类、茄果类。

（3）农业生物学分类方法从农业生产的要求出发，将生物学特性和栽培技术基本相似的蔬菜归为一类。

## 六、操作题

注意点：原料初加工步骤应合理。

# 肉类食材加工刀法

## 引导语

为了将原料合理进行切割分配，使之成为组配菜肴所需要的基本形态，肉类食材按照动物类别及生长环境对加工方法进行了进一步细分。

在本单元中，将分别介绍禽类、畜类、水产类的食材特点及加工方法，并以此知识点为基础，结合实例进行加工解析。

## 培训目标

熟悉烹饪常用肉类食材的种类及特点

掌握常用肉类食材在刀工刀法中的适用情形

能熟练分析不同肉类食材的分解加工方式，并用以指导实践

## 第1节　禽类加工方法

禽类原料是烹饪的主要原料之一，常用的品种有鸡、鸭、鹅、鹌鹑、鸽子。其初步加工较为复杂，一般要经过宰杀、煺毛、开膛以及洗涤等步骤。

### 一、禽类的初步加工方法

禽类初步加工的方法如下。

1. 宰杀

禽类中鸡、鸭、鹅都采用割断气管、血管的宰杀方法。如果鸭、鹅身大体重，不宜用手提，宰杀时可用绳套脚绕翅膀吊起，将颈拉直下垂再割气管、血管。

2. 烫泡和煺毛

宰杀后的烫泡、煺毛，必须在禽类停止挣扎且完全死亡，而体温尚未完全冷却时进行。过早则肌肉痉挛皮紧缩，毛不容易煺去；过晚则肌体僵硬，毛孔收缩也不宜煺毛。烫泡所用的水温需根据禽类的老嫩与季节的变化而定。一般情况下，鸡用80～90℃的热水，先烫头、脚，再烫全身；鸭、鹅整只泡入60～80℃的热水内。鸭和鹅的羽毛很难煺去，根据经验，宰杀前，应先给鸭、鹅喂些冷水，并用冷水浇透全身，煺毛就较容易。总之，在烫泡和煺毛过程中，水温的高低以及烫泡时间的长短，煺毛手法的选用都要以尽快煺净羽毛而又不破损禽类的皮为原则。

3. 开膛取内脏

常用的开膛方法有腹开、肋开、背开三种，应根据烹调的需要确定开膛的方法。无论采用哪一种开膛方法，都不能碰破胆和肝，胆若破碎，胆汁沾染过的原料就会有苦味，严重影响原料以至菜肴的质量。

（1）腹开。先在禽类脊椎与颈之间开一刀，取出嗉囊和气管、食管。再将禽类腹部朝上，在肛门和腹部之间开一条6～7 cm长的刀口，手伸进腹内，用手指撕开内脏和禽身粘连的膜，再轻轻拉出内脏，洗净腹内的血污，并将禽类内外部冲洗干净。这种方法应用十分广泛，适用于一般的烹调原料。

（2）肋开。先按腹开的方法取出食管和嗉囊。然后在翅膀下开 4 ~ 5 cm 的刀口，再将中指和食指伸进腹内，轻轻撕开内脏和禽身粘连的筋膜，取出内脏，然后用清水洗净腹中血污。这种方法适用于烤制的禽类，如烤鸭、烤鸡，可避免烤制时漏油，使烤禽的口味更肥美。

（3）背开。在禽类的脊背处，从臀尖至颈部剖开，取出内脏，用清水洗净腹中血污。这种方法适用于整禽上席的菜肴，如洋葱扒鸡、清蒸全鸡、芋头鸭等。整只禽类上席时胸脯部朝上，应看不见脊背处的裂口，使菜肴的外观丰满。

#### 4. 洗涤整理内脏

禽类的内脏除食管、嗉囊、气管、胆囊外，其他均可食用。洗涤整理的方法如下。

（1）肝。肝在开膛时取出，随即摘去附着的胆囊，将肝冲洗干净。

（2）肫。先割去前段肠及食管，再将肫剖开，并除去污物，然后剥掉内壁的黄皮，加盐搓擦，冲洗干净即可。

（3）肠。将肠理直，洗净附在肠上的两条白色胰脏，然后剖开肠子，洗掉污物，用醋、盐搓擦，去掉肠壁上的黏液和异味，洗涤干净后再用沸水略烫即可。

（4）血。将已凝结的血用小火蒸熟或者放入沸水中烫熟。加热时间不宜过长，火力也不可过大。否则，血块易起孔，质量差，食之如棉絮。

（5）油脂。鸡、鸭腹内的油脂取出后不宜煎、熬，原因是煎或熬后色泽混浊。应采用蒸的方法加工，先将油脂洗净，切碎后放入碗内，然后加葱、姜，上笼蒸至油脂溶化后取出，去掉葱、姜即可。

此外，心、肾及成熟的卵蛋等不可弃掉，洗净后也可用来制作菜肴。

### 二、禽类的初步加工实例

#### 1. 活鸡的初步加工

【加工步骤】宰杀→烫泡、煺毛→开膛取内脏→洗涤整理

先准备一个空碗，放入约 50 g 清水和约 3 g 食盐。宰杀时左手握住鸡翅，小拇指钩住鸡的右腿，用食指和大拇指紧紧捏住鸡的颈部（收紧颈部的皮，手指放在颈骨的后面，以防割伤手指）。右手在下刀处（通常在第一颈骨处）拔去颈毛露出颈皮，然后右手执刀割断气管与血管（刀口宜小，约 1.5 cm）。宰杀后，右手握住鸡头向下倾，左手提高，使鸡脚向上，将血放入准备好的碗内。放尽血后，用筷子将盐水和血搅拌均

匀，直至凝结。

待鸡完全停止挣扎后将其放入80～90℃的热水中，先烫双脚，然后去掉鸡爪皮；再烫鸡头，煺去鸡头毛、剥去鸡嘴壳；然后烫翅膀和身体，依次煺毛：先煺尾部和翅膀的粗毛，再煺胸部、背部和腿部的厚毛，然后煺颈部的细毛及余毛。煺毛手法是顺拔倒推（凡粗毛，要顺着毛根拔；细毛、厚毛要用手掌和手指配合逆着毛孔推去毛）。去毛后，根据烹调要求开膛并取出内脏。

把鸡放入盆内放水冲洗，将鸡腹内、体外血污、黏液，以及颈部淋巴等污秽全部去净，并清洗干净，再将内脏洗涤整理干净即可。

**2. 活鸭的初步加工**

【加工步骤】宰杀→烫泡、煺毛→开膛取内脏→洗涤整理

在宰杀前给鸭喂一些冷水，并用冷水浇透其全身。另准备1个空碗，放入约100 g清水和约5 g食盐。宰杀时左手虎口夹住鸭翅膀，小拇指钩住鸭的右腿，将鸭的头颈向后转也用虎口夹住，使鸭颈部气管、血管凸出，随即拔去颈毛，右手持刀，用刀割断气管和血管。然后将鸭身倒倾，鸭头朝下，鸭脚朝上，往碗中放尽鸭血，将鸭头夹在翅膀内放下，并将鸭血和盐水调匀。

待鸭子完全停止挣扎后将其放入60～80℃热水中，并用木棍搅动，搅到鸭毛能自然脱落时取出，先除去爪皮、嘴壳，然后煺毛。先煺胸部和颈部的毛，再煺其他部位的毛，手法是顺拔倒推。毛煺尽后，根据烹调要求开膛并取出内脏。

把鸭放入水盆内冲洗，将鸭血污、黏液、颈部淋巴等污秽全部去净，并清洗干净。内脏洗涤整理好备用。

**3. 鸽子的初步加工**

【加工步骤】浸水淹死→煺毛→开膛取内脏→洗涤整理

左手握住鸽子的翅膀，右手抓住鸽子的头浸入水中直到鸽子窒息而死。用60℃左右的温水浸泡鸽子煺去鸽毛，在鸽子背部或者腹部开刀，将内脏挖出，用水冲洗干净即可（鸽子内脏洗涤整理后也可食用）。

鸽子还可用干拔毛、灌酒醉晕的方法进行初步加工。具体操作方法为：左手虎口夹住鸽子的翅膀，右手将鸽子的嘴撬开，用左手指捏住后，右手持小匙将白酒灌入其口中，直至鸽子昏死，然后轻轻拔去羽毛；接着在鸽子的背部或者腹部开一刀口，将内脏挖出，冲洗干净即可。

**4. 鹌鹑的初步加工**

【加工步骤】捏断脊骨→剥去毛皮→取出内脏→洗涤

左手的虎口夹住鹌鹑翅膀，右手紧紧地掐住鹌鹑脊骨，用力扭断至死。然后两手配合，用力翻剥，将鹌鹑皮毛去掉，用手拉破腹部的皮肉，手指伸入拉出全部内脏，再用水冲洗干净即可。

鹌鹑还可用闷死的方法进行加工，具体操作方法为：左手虎口夹住鹌鹑翅膀，右手食指和大拇指紧紧地掐住鹌鹑的口和鼻腔，直到鹌鹑无法呼吸，窒息死亡；用手拔去鹌鹑的毛，先用水冲洗一下，再用剪刀将腹部的皮肉剪开，拉出全部内脏后用清水反复冲洗干净。

## 第2节　畜类加工方法

家畜类原料是烹制菜肴的重要原料之一，其四肢及内脏的初步加工较为复杂，这些原料必须经过认真细致的加工处理，才能成为适合烹调和食用的原料。家畜内脏，泛指家畜的头、尾、舌、心、肝、腰、肺、肚、肠等。由于这些原料黏液和污秽较多，并带有腑脏和油脂的臭味，故在加工时要特别认真。

### 一、家畜内脏及四肢的初步加工方法

家畜四肢及内脏污秽多，异味重，且不同家畜的机体组织结构不同，洗涤加工操作方法较为复杂。一种原料要采用多种洗涤方法进行加工处理。洗涤方法主要有里外翻洗法、盐醋搓洗法、烫洗法、灌水冲洗法、刮剥洗涤法和清水漂洗法等。分述如下。

#### 1. 里外翻洗法

肚、肠的里外层有很多污秽和黏液，一面洗净后，必须再将另一面翻过来洗涤，直到里外都洗涤干净。

#### 2. 盐醋搓洗法

肚、肠等在翻洗之后，要加醋、盐反复揉搓，去除黏液与腥臭味，再用清水冲洗干净。

#### 3. 烫洗法

烫洗法就是把初步洗涤后的原料放入沸水锅中烫洗，以除去黏液、腥臊气味以及白膜。这种方法主要用于腥臊气味较重或有白膜的原料，如舌、肚、肠等。烫洗的具体方法是：将原料下锅稍烫，如有白膜要等白膜转白时捞出，然后去除白膜，洗去黏液，用清水洗净。

#### 4. 灌水冲洗法

灌水冲洗法主要用于清洗牛肺、猪肺等。因为肺中气管和支气管的气泡多，血污

不容易清除，所以应将肺管套在水龙头上，将水灌入，使肺叶扩张，冲净血污。

5. 刮剥洗涤法

刮剥洗涤法主要用于去除原料外皮的污垢、硬毛或者硬壳。如猪蹄的初步加工，一般都要刮去猪蹄表面及爪间的污垢，拔除余毛，去其爪壳，再放入沸水中烫泡，刮洗干净。此种方法还适用于猪舌、牛舌的初步加工。

6. 清水漂洗法

清水漂洗法主要适用于脑、脊髓等原料。这些原料质地极嫩，且容易破损，只能放在清水中轻轻漂洗，并用小刀或牙签剔除血衣或者血筋，然后洗净。

## 二、家畜肉、内脏及四肢的初步加工实例

1. 猪肉的初加工

【加工步骤】浸泡→挤压→刮、拔→洗涤

先将猪肉浸泡在冷水盆里（冬天可加些温水），片刻之后用双手按在猪肉上，用力挤压，让肉内的淤血渗出，再用小刀刮去肉皮上的污秽，用清水反复冲洗，除去血污，用镊子拔去皮上的硬毛，然后用清水冲洗干净，取出后放在通风处，等肉内的水分自然蒸发后待用。

2. 牛肉的初加工（见图 7–1）

【加工步骤】浸泡→挤压→洗涤

先把牛肉浸泡在水里，冲洗去牛肉表面的污秽，然后将牛肉放在水盆里，边放水边用手挤压，待牛肉内的淤血和黏液被挤出后，用水冲洗干净，取出后放在通风处，等肉内的水分自然蒸发后待用。

图 7–1　牛肉的洗涤

3. 猪肚的初加工（见图 7–2）

【加工步骤】冲洗→盐醋搓洗→里外翻洗→热水内刮洗→初步熟处理

先将猪肚上的油脂和污物去掉，冲净后放入食盐揉搓，再放醋反复揉搓，使猪肚

上的黏液凝结脱离后，用水冲洗干净。将手插入猪肚内，把猪肚的里面翻出来，洗去污物，再加盐和醋揉搓后洗净。将猪肚投入热水中烫洗，刮去黄皮，待猪肚内壁光爽后，再将猪肚翻过来，投入沸水锅焯水后取出，冲洗干净，将其泡在冷水内（可防止猪肚色泽变黑）备用。

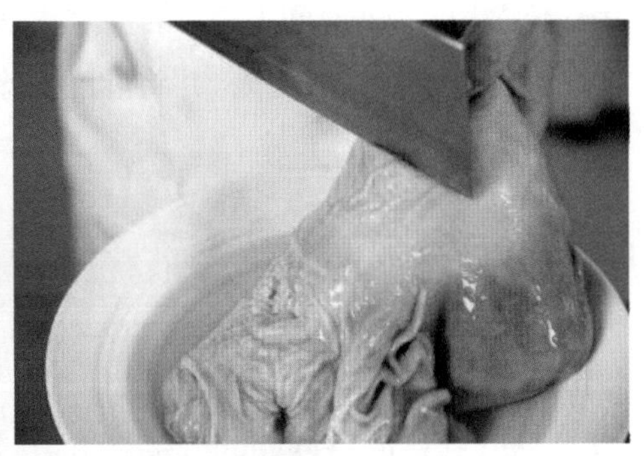
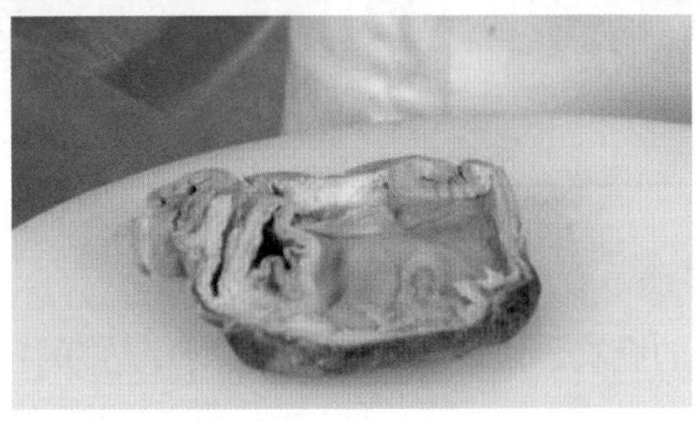

图 7–2　猪肚的初加工

**4. 牛肚的初加工**

【加工步骤】盐醋搓洗→里外翻洗→热水内刮洗→初步熟处理

牛肚的洗涤过程虽然与猪肚相似，但在加工时比猪肚更加费时。先在牛肚上加食盐、醋，再用手加力揉搓，直到黏液起块脱离，再用清水冲洗，然后将牛肚的里面翻出来，仍加食盐、醋继续揉搓，也搓至黏液起块脱离，再用水冲洗。将牛肚投入沸水锅，边刮边洗，刮净毛刺内的污物，将油块及未消化的食物取出，用水冲洗干净。再将牛肚分成小块，投入冷水锅，边加热边用小刀刮洗，直到水烧沸，牛肚变软取出，仍用水反复地冲洗干净。

**5. 猪肠的初加工**

【加工步骤】盐醋搓洗→里外翻洗→焯水→洗涤

将猪肠上附着的油脂去掉，放入盆内加盐和醋搓洗一遍，再用清水洗一遍，然后将猪肠的里面翻出来，再加盐和醋搓洗后，用清水反复洗涤干净。将洗涤干净的猪肠放入冷水锅中煮透取出，将猪肠根部的毛切除，再用清水洗净。锅中加入清水和猪肠，以及适量的姜、葱，用旺火烧开，并撇去浮沫，用微火煮烂捞出，用凉水洗净即可。

煮烂的猪肠必须用清水浸泡，否则容易造成色泽变黑，影响质量。

**6. 猪舌的初加工（见图 7–3）**

【加工步骤】冲洗→沸水刮洗→洗涤整理

先将猪舌冲洗干净，然后放入沸水锅烫泡（应掌握好加热时间，若时间过长，舌苔发硬不易去除；若时间太短，舌苔也无法剥离）。待舌苔发白时立即取出，用刮刀刮去白苔，再用清水冲洗干净，并将淋巴去除。

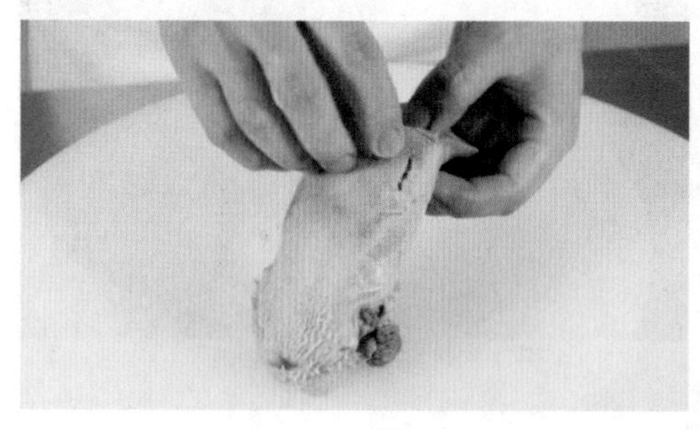

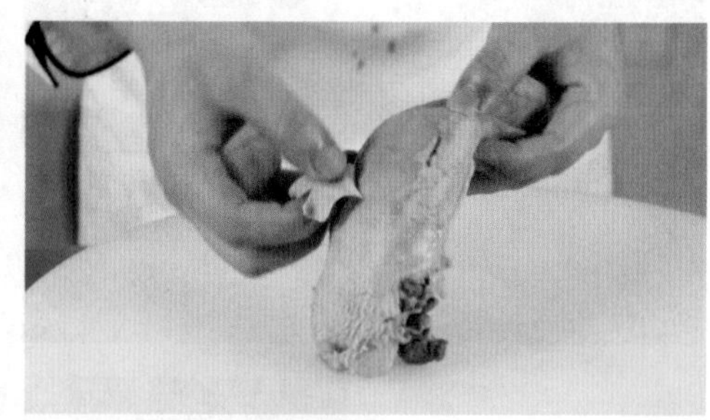

图 7–3　猪舌的初加工

**7. 猪脑的初加工**

【加工步骤】剔去血筋→漂洗

先用牙签剔去猪脑的血衣、血筋。盆中放入清水，左手托住猪脑，右手泼水轻轻地清洗，重复 3 ~ 4 次，直至洗净。由于猪脑质地极其细嫩，不可用水直接冲洗，以免造成破损的情况。

**8. 猪肺的初加工**

【加工步骤】灌水冲洗→破膜冲洗

用手抓住肺管套在水龙头上，将水直接通过肺管灌入肺内，使肺叶充水膨胀，血污外溢，直到肺色发白；破开肺的外膜，将肺冲洗干净即可。

**9. 猪尾的初加工**

【加工步骤】火燎煺毛→热水内刮洗→初步熟处理

先用火烤猪尾，至猪尾上的毛被燎去，再将猪尾投入热水内，用手挤捏去油，然后投入热水锅内，边刮边洗，将猪尾上的污斑刮干净，用冷水洗净后投入冷水锅，加热至水烧沸，取出后再用清水洗去污物即可。

**10. 猪蹄的初加工（见图 7–4）**

【加工步骤】火燎煺毛→刮去硬皮→洗涤→初步熟处理

将猪蹄放在火上烤，待猪蹄上的硬毛被燎去且外皮焦黄时取下，放在清水盆内，用小刀刮去猪蹄的硬皮和余毛，然后用清水反复冲洗，再除去污物。将清洗干净的猪蹄投入冷水锅，加热并搅拌，使猪蹄受热均匀，水烧沸时，猪蹄上的血污凝固，随即捞出，并用清水反复冲洗干净。

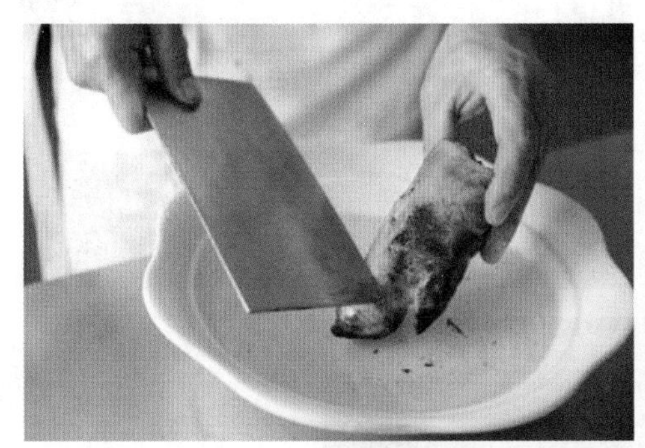

图 7–4　猪蹄的初加工

**11. 猪肝的初加工（见图 7–5）**

【加工步骤】去胆→去膜→清洗

用刀修去猪肝叶上的胆色素，片去猪肝上的外膜，然后在水盆里加水，左手托住猪肝，右手泼水清洗，直到猪肝无血水和黏液即可。

**12. 猪腰（肾）的初加工（见图 7–6）**

【加工步骤】去腰膜→去腰臊→洗涤

用手撕去黏附在猪腰上的猪油和膜。然后将猪腰平放在菜墩上，沿着猪腰的空隙处，采用拉刀片的刀法将猪腰片成两片，仍采用拉刀片的刀法，片去附在猪腰内部的白色筋膜（俗称腰臊）。最后，将片去腰臊的猪腰用清水冲洗干净。

**13. 猪头的初加工**

【加工步骤】整理→焯水→冲洗

将猪头摘净余毛，用尖刀剔去耳朵中的污垢。由中间劈开，去“臭鼻子”后洗净，放入沸水锅中焯去血污，取出后用清水冲洗干净。

图 7–5　猪肝的初加工

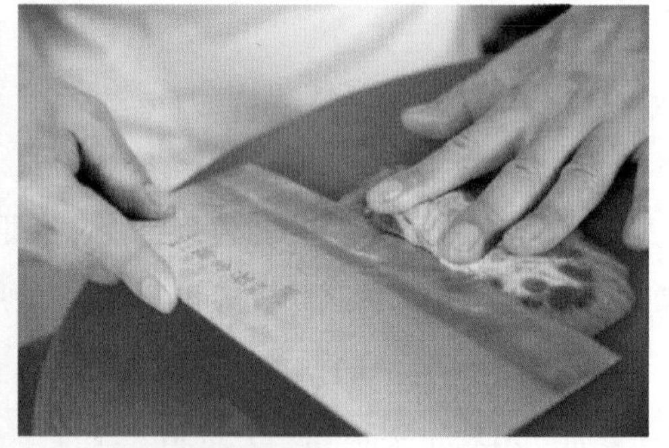

图 7–6　猪腰（肾）的初加工

14. 猪里脊的初加工（见图 7–7）

【加工步骤】清洗→去血筋→洗净

猪里脊质地较嫩，容易破损，洗涤时应置于清水中轻轻清洗，并用牙签将其中的血筋挑去，洗净即可。

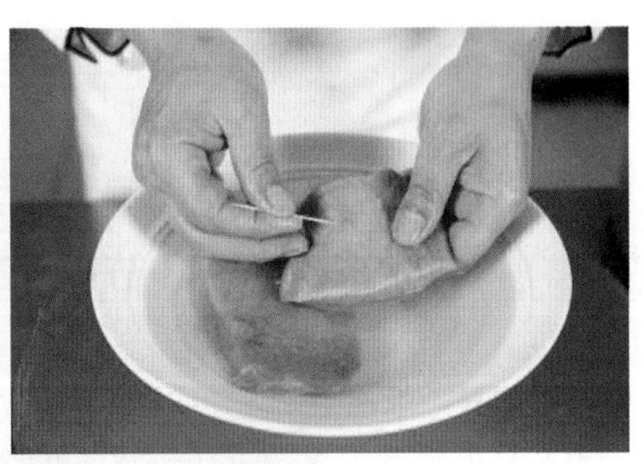

图 7–7　猪里脊的初加工

## 第3节　水产类加工方法

### 一、概述

水产品的种类很多，包括鱼类、虾类、蟹类及贝类等。水产品可分为海水产品（海洋中产的）和淡水产品（池塘、江、河、湖中产的）两大类。由于水产品的种类繁多，性质各异，初步加工的方法也比较复杂，必须认真细致地加以处理，才能使其成为适用于烹调的原料。初步加工时应该注意以下事项。

1. 初步加工时，要根据水产品的不同特性，最大限度地保留原料的营养成分、鲜美滋味以及形体特征。对于不同的水产品，应采取不同的加工方法和步骤，完成初步加工。

2. 水产品的刀工、配菜以及烹调方法具有多样性，初步加工的方法也很多，应紧密结合刀工、配菜和烹调方法的要求，选择最合适的方法完成初步加工。

3. 初步加工前应对原料心中有数，因材施艺，物尽其用。对一些形体比较大的鱼，初步加工时应注意分档取料，使用合理。如青鱼的头、尾、肚可以分别红烧，中段（鱼身）则可加工成片、条、丝或者茸等。狼牙鳝的肉色泽洁白、鲜香美味，但肉内带有许多硬刺，如用作整段清蒸、红烧、干烧等，食用极不方便，而且造型也不美观，因此最适于出肉制馅（制馅的过程中将鱼刺去掉）。在加工水产品时要注意节约原料，如剔鱼骨时，鱼骨要尽量不带肉；一些下脚料要充分利用。鱼骨能煮汤，某些鱼的鳔干制后营养也很丰富。

4. 水产品中的鱼、虾、蟹、贝类等本身带有一定数量的非食用组织，如鱼鳍、鱼鳞、鱼骨（硬骨鱼的鱼骨）、硬壳内脏、沙包（胃）、肠线、血污、黏液、沙砾、皮膜、角质硬皮等，同时含有较重的腥、臭气味，在初步加工过程中要合理、及时、有效地清除，以便更好地体现出水产品特有的鲜美滋味。

## 二、水产品的初步加工方法

### 1. 鱼类的加工

根据鱼的形状和性质，鱼类的加工方法大致可分为整理、去沙、剥皮、烫泡、宰杀、摘洗等。

（1）整理。适用于加工鱼鳞属骨片性鳞的鱼类，如鳜鱼、鲈鱼、大黄鱼、小黄鱼、加吉鱼、鲤鱼、草鱼等。加工步骤如下。

1）刮鳞（见图7–8）。即将鱼表面的鳞片刮净，刮鳞时不能顺刮，需要逆刮。具体操作方法是：将鱼头朝左，鱼尾朝右平放，用左手按住鱼头，右手持刀从尾部向头部刮上去，将鱼鳞刮净。

2）去鳃（见图7–9）。鱼鳃是不能食用的，可用手指或刀将鱼鳃去除。

图7–8　刮鳞

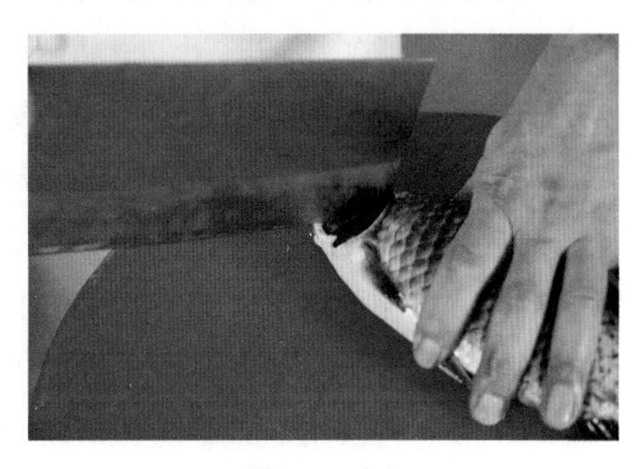

图7–9　去鳃

3）去内脏（见图7–10）。去内脏的方法一般有剖腹取、剖背取和口腔取三种。剖腹取是将鱼的腹部沿肛门至胸鳍直线剖开，取出内脏，并去除腹内的黑衣。这是最常用的去内脏的方法（除有特殊要求的原料外）。剖背取是将鱼的脊背剖开，取出内脏并去除黑衣。这种方法可用于大鱼的腌制，如大草鱼的腌制及某些整鱼去骨。口腔取是在鱼肛门处开一小横刀口，将肠子割断，然后将方竹筷从鱼鳃口腔处插入，夹住鱼鳃用力搅动，使鱼鳃和内脏一起卷出，然后再用清水冲洗净腹内的血污。这种方法适用于整鱼上席的鱼肴，如干烧鳜鱼、清蒸刀鱼等。在去内脏时要小心，不能碰破胆囊，避免影响原料质量。

4）洗涤（见图7–11）。用清水将鱼腔腹内的血污及外表的脏物冲洗干净。

（2）去沙。主要用于加工鱼皮表面带有沙（鳞）的鱼类。具体的加工方法是，第一步：将鱼放入热水中略烫，水的温度要根据鱼的大小而定，体大的用沸水，体小的水温可低一些，烫制的时间以能煺掉沙而皮不破为准（若将鱼皮烫破，煺沙时沙易嵌入鱼肉，影响食用）。第二步：将烫好的鱼用小刀刮去皮面上的沙，剪去鱼鳃，剖腹去净内脏，洗净即可。

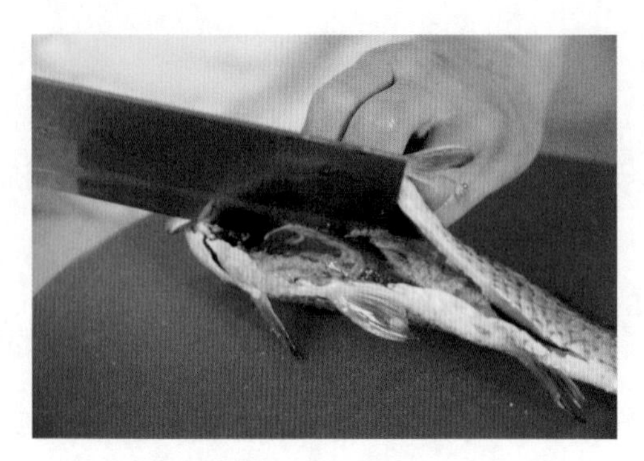

图 7–10　去内脏

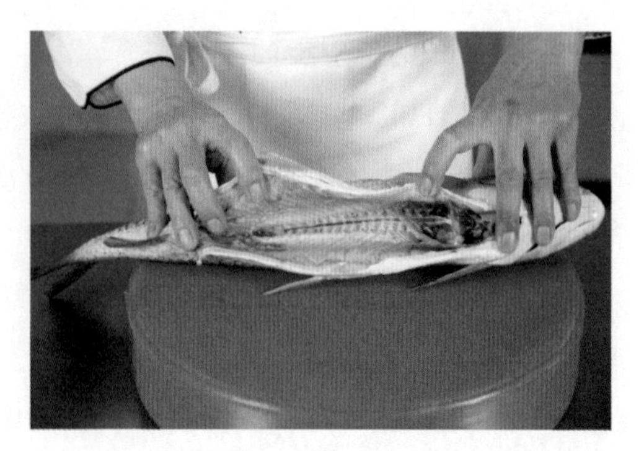

图 7–11　洗涤

（3）剥皮。主要用于加工鱼皮粗糙、颜色不美观的鱼类，如鳎科鱼类中的宽体舌鳎、半滑舌鳎、斑头舌鳎等。剥皮的方法应根据鱼的表皮颜色、性质而定。如果鱼两面的皮都很粗糙，可在头部开一小口，将两面的皮都剥掉；有很多鱼只需在背部靠头处割一小口，用手捏紧背部鱼皮用力撕下，将腹部的鳞刮净，再除去内脏和鱼鳃，洗净即可。

（4）烫泡。主要用于加工鱼体表面带有黏液，并且腥味较重的鱼类，如黄鳝、海鳗、鳗鲡等。加工方法是：先用沸水烫泡，再去鳃除内脏，洗涤干净。

（5）宰杀。主要用于加工一些活养的鱼类，如黑鱼、黄鱼、鲤鱼等。不同的活养鱼类宰杀方法也有所不同。

（6）摘洗。主要用于加工一些软体类的水产品，如鱿鱼、章鱼、墨鱼等。加工步骤是：先除去黑液，抽去脊背骨，摘去肠，再剥去黑（或深色）皮或黑衣，洗涤干净。

**2. 虾类的加工**

用于烹调的虾类主要包括河虾和海虾两种。河虾又称青虾，一般用于烹制盐水虾、油爆虾等。其初步加工方法是先剪去须、脚，然后用水洗净即可。海虾主要有对虾、龙虾等。初步加工方法是：剪去须、脚、沙包（胃），抽去虾筋，洗涤干净。

**3. 河蟹的加工**

河蟹的初步加工方法是水养、洗涤。如作蒸蟹之用，还需用绳捆扎，这样可避免蟹在加热时爬动，防止蟹脚脱落、蟹黄流出，保持蟹肉丰满，形态美观。

## 三、水产品的初步加工实例

**1. 河鲫鱼的初加工（见图 7–12）**

【加工步骤】刮鳞→去鳃→去内脏→洗涤

左手按住河鲫鱼的头，右手握刀从尾部向头部刮去鱼鳞（鱼喉部周围的鳞特别硬，要用力刮净）。用刀挖出鱼鳃，然后用刀或剪刀从肛门至胸鳍将腹部剖开，挖出内脏，用水边冲边洗，并将腹内黑衣剥去，洗净即可。

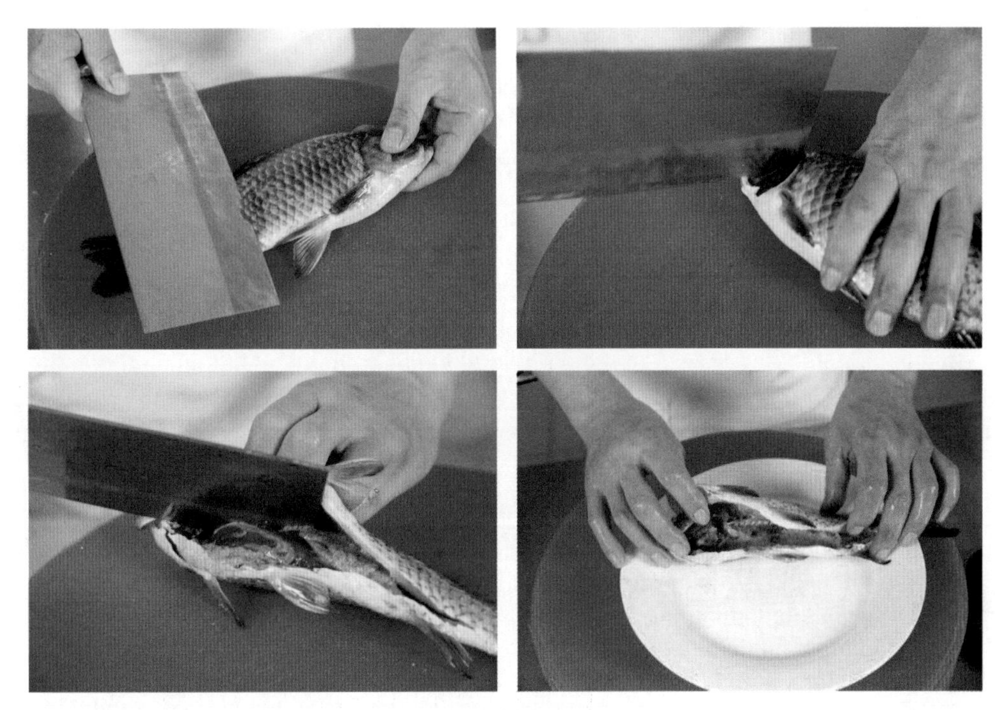

图 7–12　河鲫鱼的初加工

**2. 黄鱼的初加工（见图 7–13）**

【加工步骤】刮鳞→去头盖皮→去鳃→去内脏→洗涤

左手按住鱼头部，右手持刀，从尾部往头部刮去鱼鳞。将头盖皮的一侧先用刀插入一点，刀跟紧压着头盖皮转动鱼头，即可揭下头盖皮。沿着脐眼用刀割一小口后，将方竹筷从鱼鳃孔的两侧插入鱼腹内，用力卷出鱼鳃和内脏（不能乱捅乱搅，以防弄破鱼肉），或直接用刀挖出内脏。再用水边冲边洗去除黏液、血水，直至洗涤干净。

**3. 草鱼的初加工（见图 7–14）**

【加工步骤】刮鳞→去鳃→去内脏→洗涤

右手握刀，左手按住鱼的头部，刀从尾部向头部用力刮去鱼鳞，然后用刀将鱼鳃挖出，用剪刀从草鱼的口部至脐眼处剖开腹部，挖出内脏，用水冲洗干净。腹部的黑膜用刀刮一刮，再冲洗干净。

**4. 鲳鱼的初加工（见图 7–15）**

【加工步骤】刮鳞→去鳃→去内脏→洗涤

右手握刀，左手按住鱼的头部，刀从尾部朝头部刮去鱼鳞，然后用刀从口部朝腹部划一刀口，长约 5 cm，挖去鳃和内脏，将鱼放在水盆里，边冲边洗，用手指搓去腹部的黑衣，待水冲至无黏液即可。

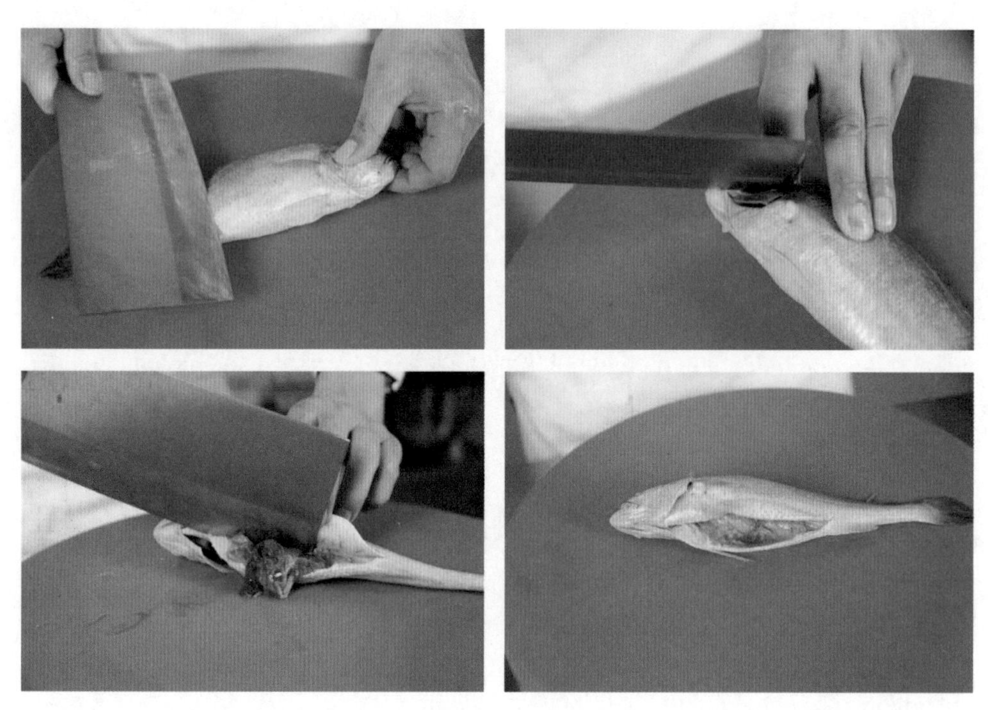

图 7-13　黄鱼的初加工

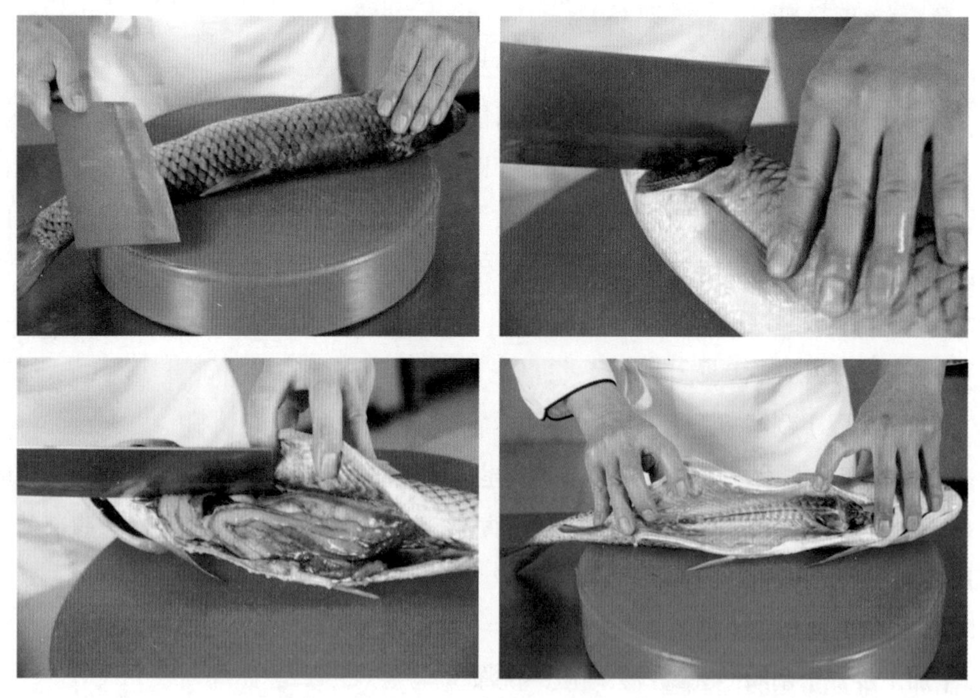

图 7-14　草鱼的初加工

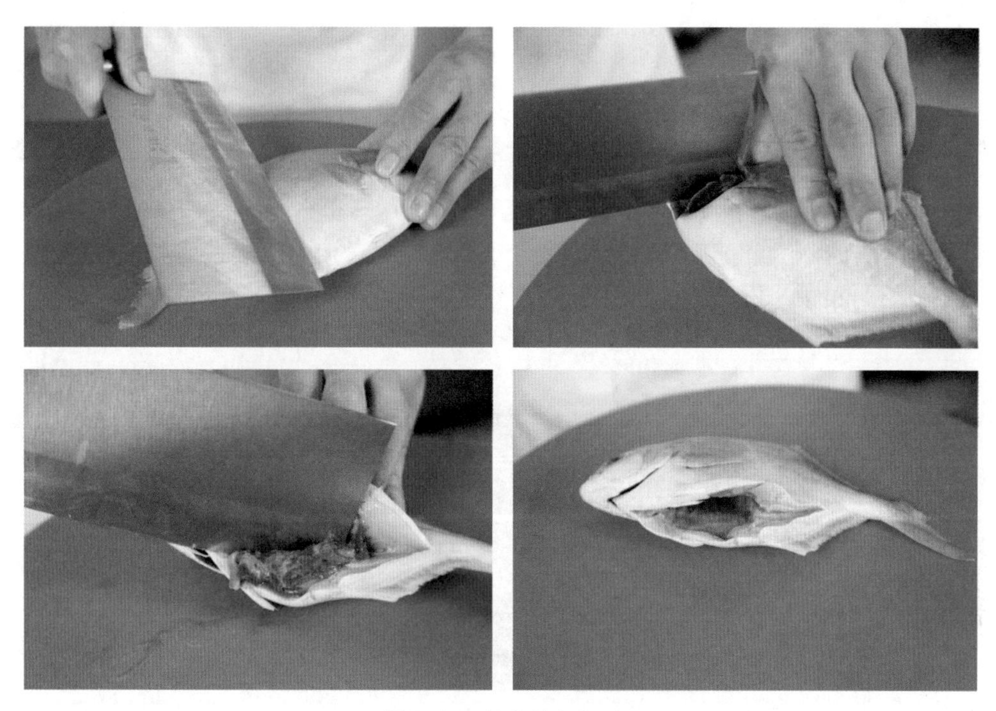

图 7–15　鲳鱼的初加工

**5. 鲥鱼的初加工（见图 7–16）**

【加工步骤】剖腹→去鳃→去内脏→洗涤

鲥鱼鳞下脂肪丰富，为保存其营养成分，一般无须去鳞，只是在鱼的口部向腹部剖开，挖出鱼鳃、内脏和脊骨处的淤血，然后用清水反复冲洗干净即可。

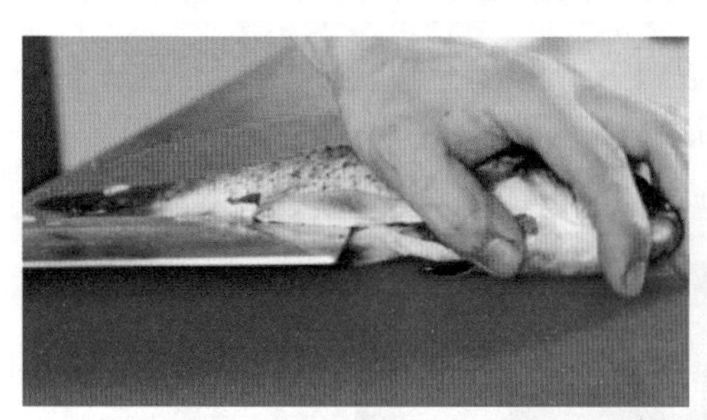

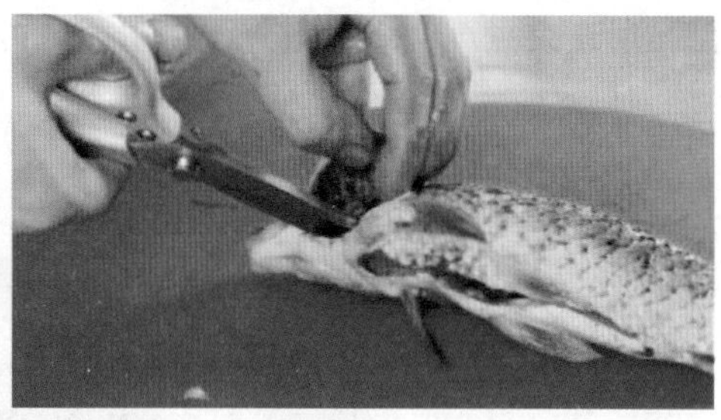

图 7–16　鲥鱼的初加工

**6. 带鱼的初加工（见图 7–17）**

【加工步骤】刮鳞→去鳍→剖腹→去鳃→去内脏→剪去尖嘴、尖尾→洗涤

带鱼的表面虽然没有鳞片，但是表面发亮的物质有入口腻的缺点，所以一般都要刮去。方法是：右手用刀从头至尾或者从尾至头，来回刮动，刮去发亮物质；用剪刀沿着鱼背从尾至头剪去背鳍；再用剪刀沿着口部向肛门处剖开腹部，挖去内脏和鱼鳃，剪去尖嘴和尖尾，然后用水反复冲洗，洗去血筋、淤血等污秽。

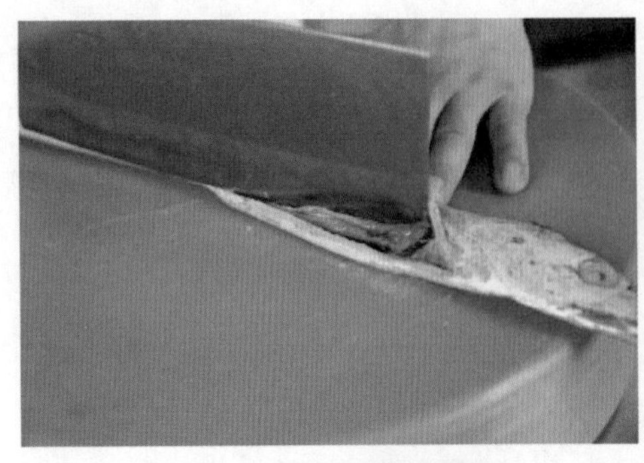

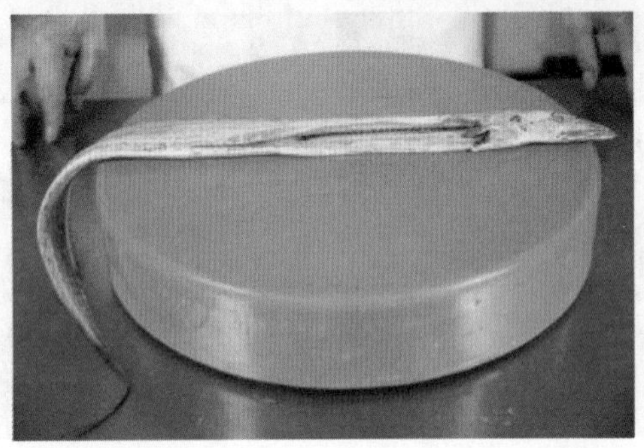

图 7-17　带鱼的初加工

**7. 黄鳝的烫泡（见图 7-18）**

【加工步骤】烫泡→洗涤

将黄鳝放入盛器中，加入适量的盐和醋（加盐的目的是使鱼肉中的蛋白质凝固，“划鳝丝”时鱼肉结实：加醋的目的是便于去除黏液和腥味），然后倒入沸水中，立即加盖，用旺火煮至黄鳝嘴张开，捞出放入冷水中浸凉，洗去黏液，以备划鳝丝用。

图 7-18　黄鳝的烫泡

**8. 黄鳝的宰杀加工（见图 7-19）**

【加工步骤】摔晕→放血→去内脏→洗净→刀工处理

黄鳝的宰杀方法应视烹调用途而定。鳝片的加工：先将黄鳝摔晕，在颈骨处下刀斩一口放出血液，再将黄鳝的头部按在菜墩上钉住，用尖刀沿脊背从头至尾批开，将脊骨剔出，去内脏，洗净后即可用于批片。鳝段的加工：用左手的三个手指（大拇指、中指及无名指）掐住黄鳝的头部，右手执尖刀由黄鳝的下腭处刺入腹部，并向尾部顺长划开，去内脏，洗净即可切段备用。

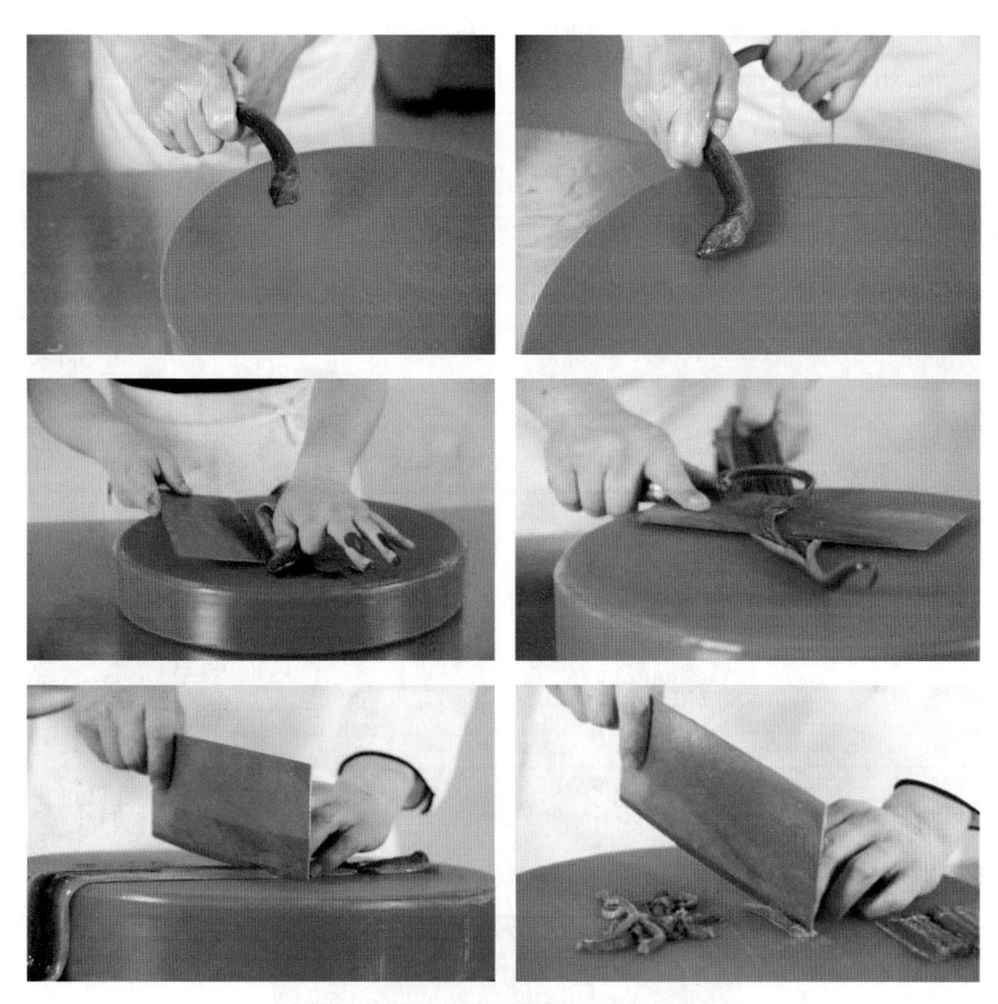

图 7-19　黄鳝的宰杀加工

**9. 河鳗的初加工**

【加工步骤】宰杀→去内脏→烫泡→洗涤

左手中指关节用力钩牢河鳗，右手握刀在河鳗的喉部先割刀，再在肛门处割一刀，放尽血。然后将方竹筷从喉部刀口处插入腹腔，用力卷出内脏，挖去鱼鳃后，放入沸水中烫泡。待其身体表面黏液凝固后取出，用干抹布擦去黏液，再用清水冲洗干净。

**10. 海鳗的初加工**

【加工步骤】刮去黏液→去鳃→去内脏→洗涤

先用刀将海鳗表面的黏液刮洗干净，然后用手挖出鳃，用剪刀沿着口部朝鱼腹剖开，挖出内脏，随后放入水盆内，边冲边洗。

**11. 甲鱼的初加工（见图 7–20）**

【加工步骤】宰杀→烫皮→开壳→去内脏→焯水→洗涤

将甲鱼腹面朝上，等甲鱼伸出头时，用刀对准颈部割断其气管和血管，放尽血后放入 70 ~ 80℃的热水中，烫泡 2 ~ 3 min 取出（水温与烫泡时间可以根据甲鱼的老嫩与季节的不同灵活掌握），搓去周身的脂皮。然后从甲鱼裙边下面两侧的骨处割开，掀起背甲，挖去内脏后用清水洗净。放入热水中稍烫后除去血污，最后用清水洗干净。另将甲鱼的肠、肝洗净（可食用）。

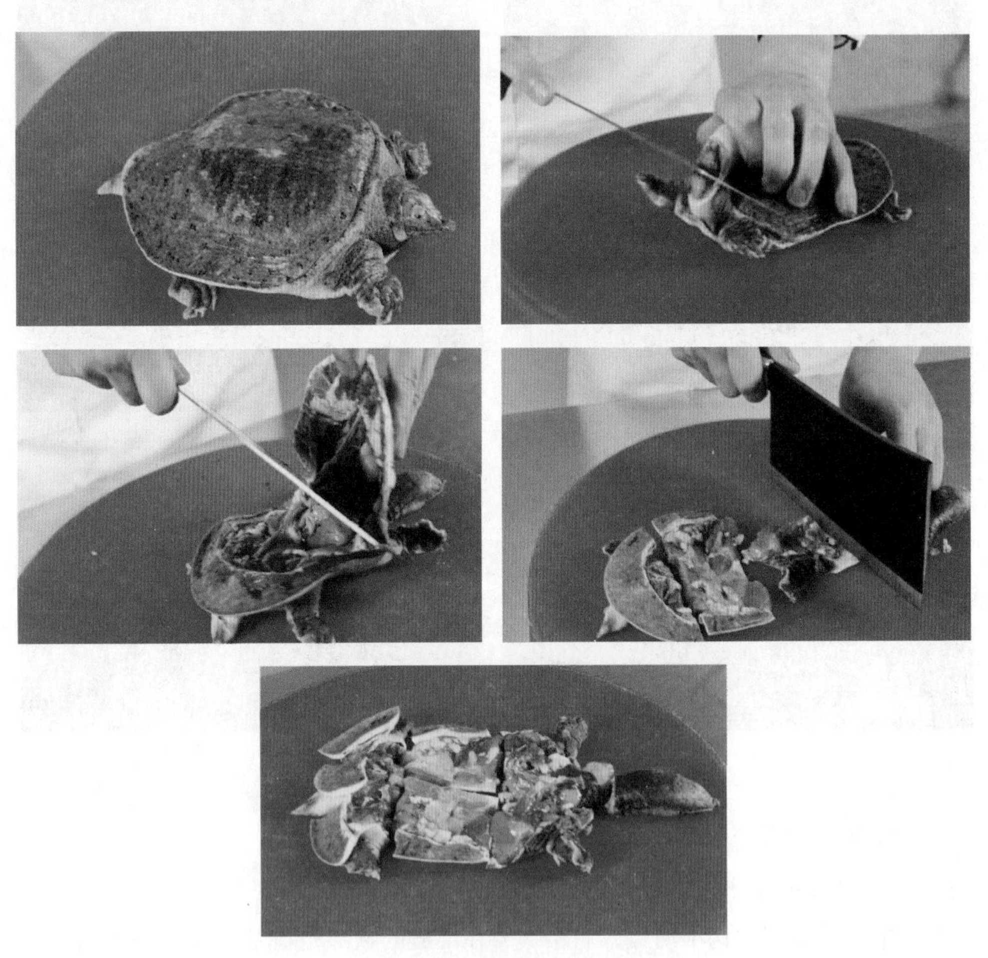

图 7–20　甲鱼的初加工

**12. 比目鱼的初加工**

【加工步骤】刮鳞→剥皮→去鳃→去内脏→洗涤

先用刀刮去鱼腹部面的鱼鳞，再在背部鱼头处割一刀口，然后捏紧鱼皮，用力撕下（若外皮不易撕掉，可先用盐在刀口处摩擦，至外皮上翻后再剥去），再将鱼鳃挖除，用刀剖开鱼腹，取出内脏后冲洗干净。

**13. 墨鱼的初加工**

【加工步骤】挤出黑液→去脊背骨→去内脏→去黑皮→洗涤

将墨鱼浸在水中，双手挤压墨鱼的眼球，使墨液迸出后拉下墨鱼头，抽出脊背骨，同时将背部撕开，挖去内脏，揭去墨鱼表面的黑皮，再清洗干净。雄墨鱼的生殖腺和雌墨鱼的缠卵腺洗净干制后，均可作为名贵烹调原料，切不可丢弃。

**14. 章鱼的初加工（见图 7–21）**

【加工步骤】去墨腺→揉搓→洗涤

先将章鱼头部的墨腺去掉，再用盐和醋揉搓，揉搓时应将章鱼足腕吸盘内的沙砾搓掉，然后用清水反复冲洗，直到黏液洗净即可。

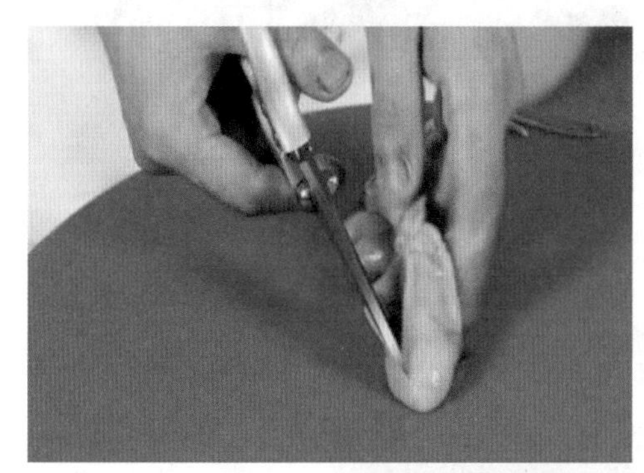

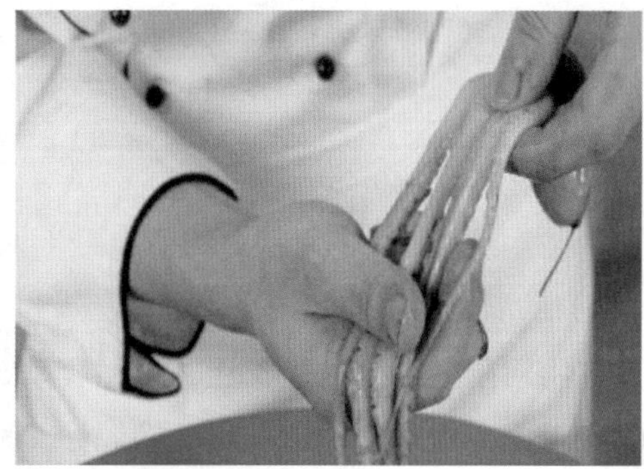

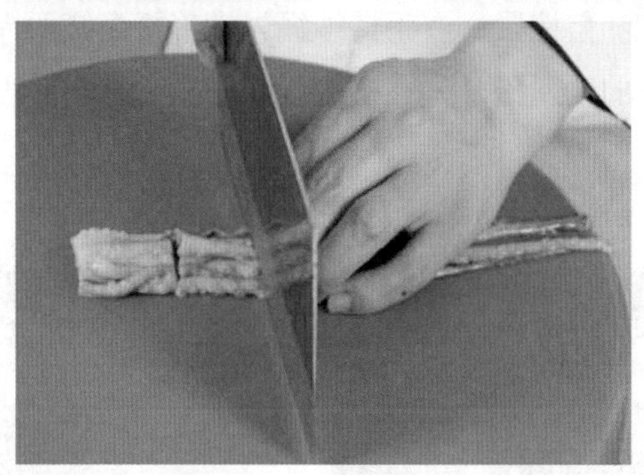

图 7–21　章鱼的初加工

**15. 虾的初加工（见图 7–22）**

【加工步骤】去须脚→去筋、肠、沙包（胃）→洗涤

先将虾洗净，再用剪刀剪去虾枪、虾眼、虾须和虾腿，用牙签或虾枪挑出头部的沙包（胃）和脊背处的虾筋与虾肠，放在水中漂洗干净即可（切不可用水冲洗，避免虾脑流出或虾头脱落）。

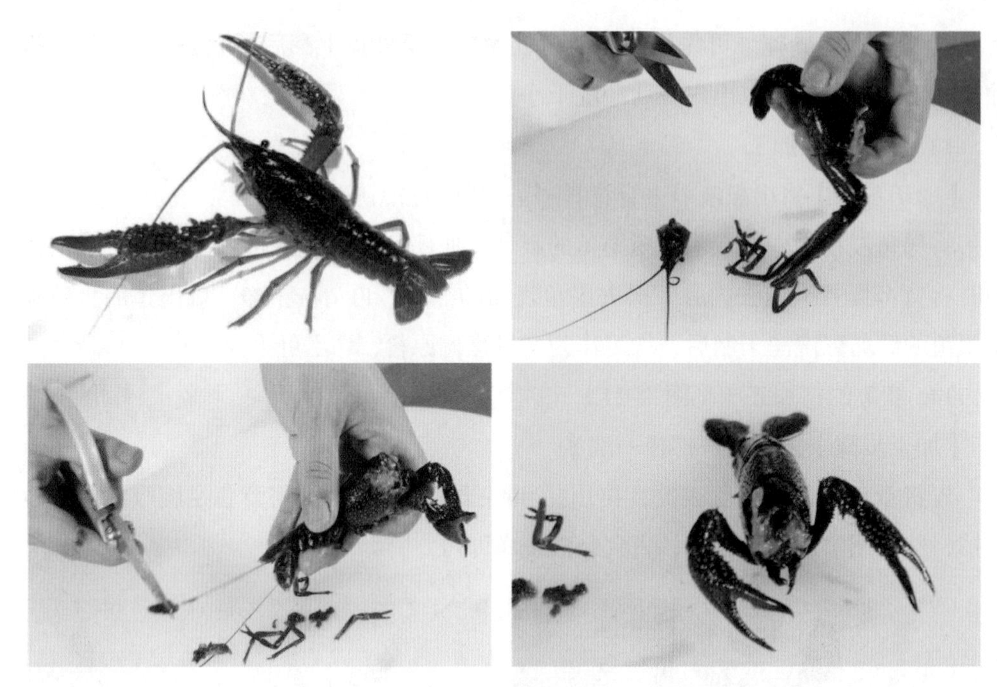

图 7–22　虾的初加工

**16. 清蒸大闸蟹（河蟹）的初加工（见图 7–23）**

【加工步骤】水养→洗涤→捆扎

先将河蟹放在水盆里，让其来回爬动，使蟹脚、蟹螯上的泥土脱落沉淀，然后用软的细毛刷，边刷边洗，直到洗净泥沙。取长约 50 cm 的纱绳，先在左手小拇指绕两周，接着左手将蟹的脚和螯按紧，右手持纱绳先横着蟹身绕两周，再顺着蟹身绕两周，然后将左手小拇指上绕的纱绳松开，在蟹的腹部打一活结，即可上笼蒸。

图 7–23　清蒸大闸蟹（河蟹）的初加工

**17. 扇贝的初加工（见图 7–24）**

【加工步骤】撬壳→剔肉→去内脏→洗涤

用刀（专用的工具）将两壳撬开，别下闭壳肌（俗称扇贝柱），去掉附着在上面的内脏，洗净即可。

图 7–24　扇贝的初加工

**18. 蛏子的初加工（见图 7–25）**

【加工步骤】开壳→取肉→挤沙砾→洗净

将两壳分开，取出蛏子肉，挤出沙砾，用清水洗净即可。

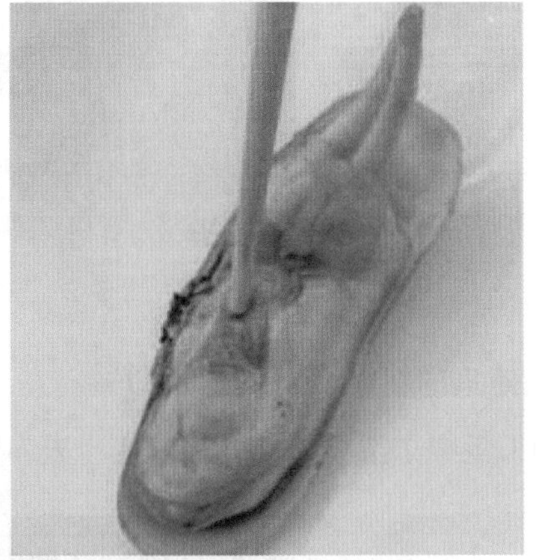

图 7–25　蛏子的初加工

19. 蛤蜊的初加工（见图 7–26）

【加工步骤】刷洗→水养→洗涤

将蛤蜊放入清水盆内，用细毛刷刷净泥土，冲洗干净后静置于海水中（或用淡盐水：每 4 kg 清水约放 5 g 盐）中，使其吐出腹内泥沙，再用清水洗净，即可带壳用于烹制菜肴。也可将洗净的蛤蜊放入开水锅中煮熟捞出，去壳留肉，用澄清的原汤洗净即可。煮蛤蜊的原汤味道鲜美，澄清后即可用于烹制菜品。

图 7–26　蛤蜊的初加工

20. 鲍鱼的初加工（见图 7–27）

【加工步骤】洗净→煮制→取肉→去内脏→刷洗→蒸制

图 7-27　鲍鱼的初加工

将鲍面外表洗净，放入沸水锅中煮至肉离壳，取下肉去内脏和腹足。用竹刷刷至鲍鱼肉呈白色后用清水洗净，再放入盆内，加葱、姜、料酒、高汤上笼蒸烂取出，用原汤浸泡即可。

## 第 4 节　肉类烹饪原料的拆卸加工

### 一、概述

拆卸加工指对整形原料进行有规则的分割，使之成为具有相对独立意义的更小部件和单位。通过拆卸加工，原料由整形单一变得复杂多样，由粗糙变得精细，由厚大变得薄小，从而缩短了成熟时间，便于入味，利于咀嚼和消化，在各个方面充分发挥原料的性能作用，扩大了原料的使用面，多方面地体现出各种食物原料的品质优点，满足了人们对食物的各种需求。

烹饪原料拆卸加工一般包括对原料的出肉加工、分档取料和整料出骨。操作加工时要注意以下几点。

1. 了解肉体的结构，正确地掌握下刀部位，这是拆卸加工的关键。例如，从家禽、家畜肌肉之间的隔膜处下刀，可以把原料不同部位的界线基本分清，这样能保证所取用不同部位的原料的质量。

2. 必须掌握好拆卸加工的顺序。无论是禽类、畜类还是鱼类，下刀都有一定的顺序，否则，就会破坏各个部分肌肉的完整性，从而影响所取用原料的质量，同时造成原料的浪费。

3. 操作时应小心谨慎，做到下刀准确，整料出骨不破损外皮；选准下刀的部位，做到进刀贴骨，剔骨不带肉，肉中无骨。

### 二、烹饪原料拆卸加工的程序

拆卸加工的主要对象是较大的动物性原料，有鱼、鸡、鸭、鹅、猪、牛、羊等。拆卸加工的程序一般如下。

#### 1. 分档

根据原料的结构特征，将其分割成相对完整的更小档位部件，便于出骨。

**2. 出骨（见图 7–28）**

根据原料骨骼、肌肉的组织结构，将其骨与肉分离成两部分。一般采用分档出骨的方法，有些鱼、禽原料，还可以采用整料出骨的方法，以保持原料外形的完美。

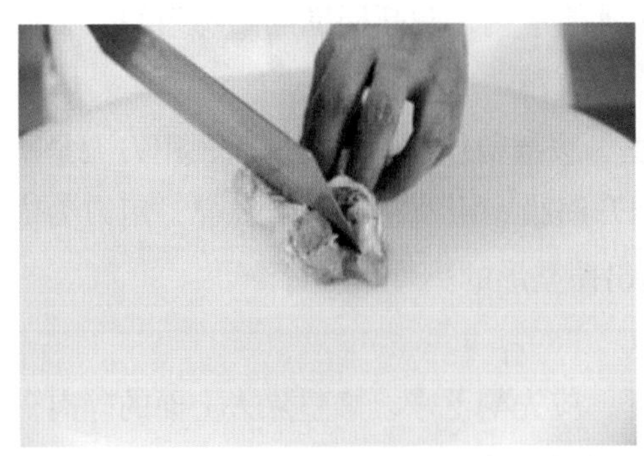
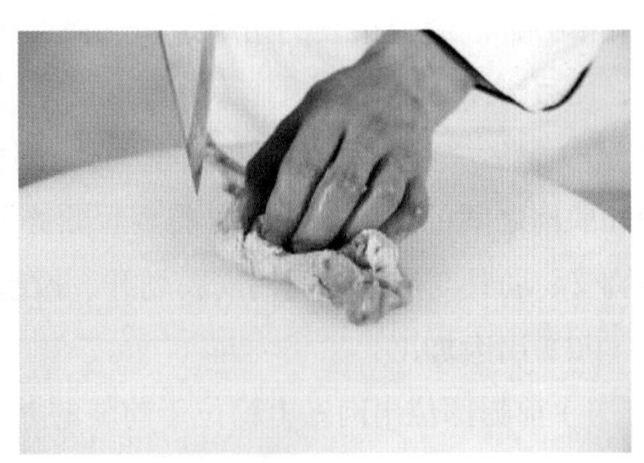

图 7–28 出骨

**3. 取料**

依据原料的食用性和品质特性，从各部分分别取用相适应的部分，为菜点提供最佳的原料。

## 三、烹饪原料的拆卸加工实例

**1. 猪的拆卸加工**

整爿带皮、带骨猪体的分档：整爿猪可分为前腿部位，包括上脑、颈脖、夹心肉和前肘子；方肉部位，包括通脊、里脊、五花肋条（软五花和硬五花）、奶脯；后腿部位，包括坐臀、臀尖、外裆（弹子肉）、磨裆、后肘子。

（1）出骨加工

1）首先，将整爿的带皮、带骨猪肉脊背向外、腹部朝里放在菜墩上，从前臂骨（前小腿骨）与臂骨（前大腿骨）之间的连接处下刀，将前肘子割下；从后小腿骨和棒子骨（股骨）之间的连接处下刀，将后肘子割下。

2）其次，在前腿部位，用刀尖将臂上面的肉组织与肩胛骨划开，深至骨骼，找到两者之间的连接处下刀，用刀尖将连接处的结缔组织割断。掀起臂骨，割断臂骨周围的结缔组织，出掉臂骨。再掀起肩胛骨的一端，割断肩胛骨周围的结缔组织，出掉肩胛骨。再在后腿部位，用刀尖将棒子骨和髋骨上面的肉组织划开，深入骨骼，找出相连处下刀，割断连接处的结缔组织，掀起棒骨的一端，割断周围的结缔组织，去掉棒骨，而后出掉尾椎骨、髋骨等。

3）最后，将整爿猪调转方向，脊背朝里、腹部朝外，平稳放好后，用刀尖紧贴脊骨和肌肉之间的连接部位，由前至后顺势划开筋膜。用左手将脊骨提起，用刀尖依次将胸骨、肋骨与肌肉之间的筋膜划开，掀起出掉整形的胸骨、脊骨。

（2）出肉加工

1）前腿部位出肉。上脑位于前腿的上部，应先割下来，修整除去上面的碎肉，再连皮切去肉色血红的条状颈脖，去掉猪皮，从脂肪和肌肉的连接部位下刀，割断筋膜，卸下夹心肉。

2）方肉部位出肉。取下脊骨内侧的里脊，用刀尖划开脊背部分的筋膜，卸下通脊。硬五花位于通脊下面，用刀带皮割下，然后分别割下带皮的奶脯和软五花。

3）后腿部位出肉。用刀尖割开肌肉之间连接的筋膜，先卸下磨裆，再顺着坐臀肉和弹子肉之间的间隙用刀尖划断筋膜，卸下坐臀肉、弹子肉。坐臀肉的上方是臀尖，可用刀尖划断肌肉四周的筋膜后卸下。

**2. 羊的拆卸加工**

（1）羊的分档。羊肉分为前腿部位，包括前肘子、颈肉、前腿；腹背部位，包括脊背、胸脯、肋条；后腿部位，包括后腿、后肘子。

（2）羊的拆卸加工。首先，将前腿和后腿分别从整体上取下；其次，将羊的腹背从脊骨的两侧分别劈开，去掉脊骨；最后，将肋骨之间的部位用刀尖划至断开，分别掀起，出掉肋骨。

（3）羊后腿去肉加工。取羊后腿内侧中间部位，用刀刃划开，深至骨骼处。将大腿骨与小腿骨之间的组织割断，使关节突起，划断周围的筋膜，将大腿骨和小腿骨出掉。

**3. 鸡的拆卸加工**

（1）鸡的分档。鸡、鸭和鹅等家禽的肌肉分布大体相同。以鸡为例，其分档部位主要为鸡头、鸡颈、脊背、胸脯肉和里脊肉、鸡翅膀、腿肉、鸡爪等。

（2）鸡的剔骨与出肉（见图 7–29）。左手握住鸡的右腿，使鸡腹朝上，头朝外。右手持刀，先将左腿跟部和腹部相连接的肚皮割开，再将右腿同部位的皮割开，把两腿向背后折起，把连接在脊背处的筋割断，再把腰窝的肉割断剔净，左手握住两腿并用力撕下，沿鸡腿骨骼用刀划开，剔去腿骨。然后，左手握住鸡翅，用力向前顶出翅跟关节，右手持刀将关节处的筋割断，将鸡翅连同鸡脯肉用力扯下，再沿翅骨用刀划开，剔去翅骨，将鸡里脊肉（俗称鸡牙子）取下即成。鸭、鹅的出肉、剔骨方法与鸡基本相同。

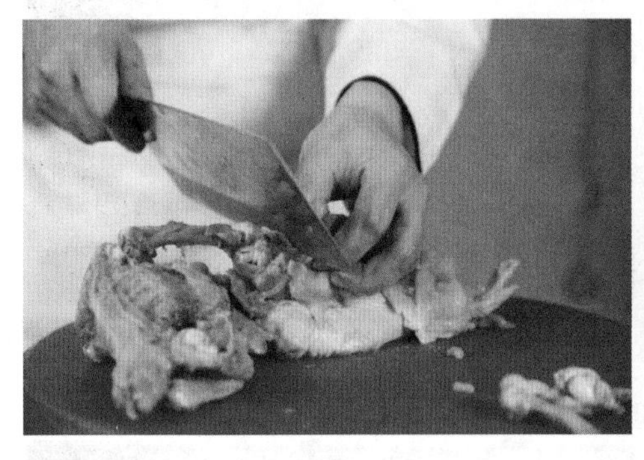
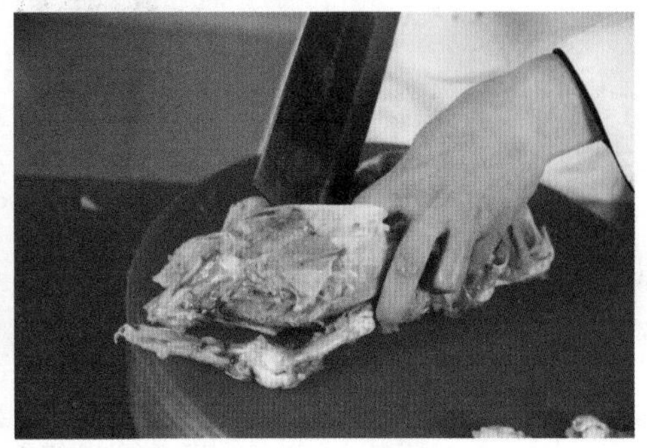

图 7–29　鸡的剔骨与出肉

（3）整鸡出骨。这是将整只鸡去净或剔除其主要的骨骼，而仍保持鸡原有的完整外形的一种处理方法。去骨步骤如下。

1）划破颈皮，斩断颈骨（见图 7–30）。沿鸡颈在两肩相夹处竖直划一条长约 6.5 cm 的刀口。把刀口处的颈皮掰开，将颈骨拉出，在靠近鸡头处将颈骨剁断，刀不可碰破颈皮。

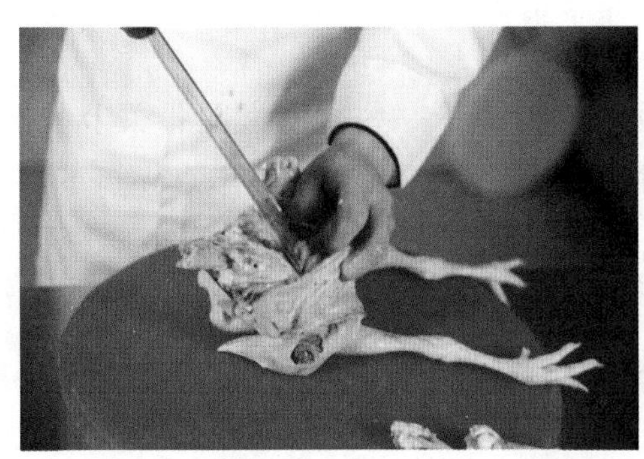
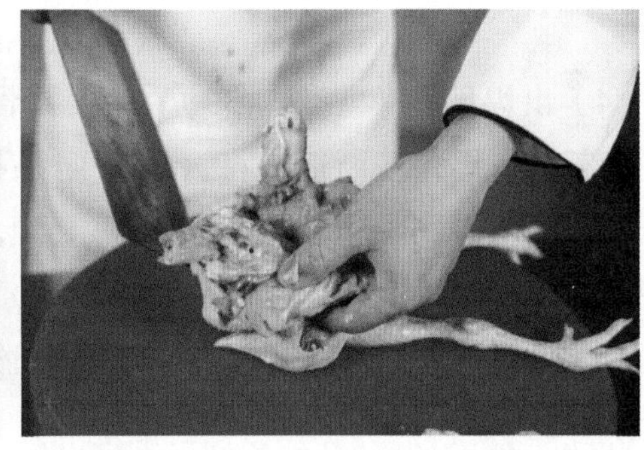

图 7–30　划破颈皮，斩断颈骨

2）出翅骨（见图 7–31）。从颈部刀口处将皮翻开，使鸡头下垂，然后连皮带肉缓缓往下翻剥，分别剥至翅骨的关节处，待骱骨露出后，用刀将关节上的筋割断，使翅骨与鸡身脱离，先抽出桡骨和尺骨，然后再将翅骨抽出（小翅骨不抽出）。

3）出鸡身骨（见图 7–32）。一手拉住鸡颈骨，另一手拉住背部的皮肉，轻轻翻剥。要将胸骨隆凸处按下，或者用剪刀从内部将龙骨剪断，使其低凹，以免翻剥时将皮戳破。翻剥到脊部皮骨连接处时，用刀紧贴着背骨割离再继续翻剥，到鸡腰窝肉处时，应把鸡腰窝肉剔下，剥到腿部时，将大腿筋割断，使腿骨脱离。再继续向下翻剥到肛门处，把尾尖骨割断，鸡尾留在鸡身上。这时，鸡身骨骼已和皮肉分离，随即将内脏、骨骼取出，将肛门处的直肠割断。清洗干净肛门处的粪便。

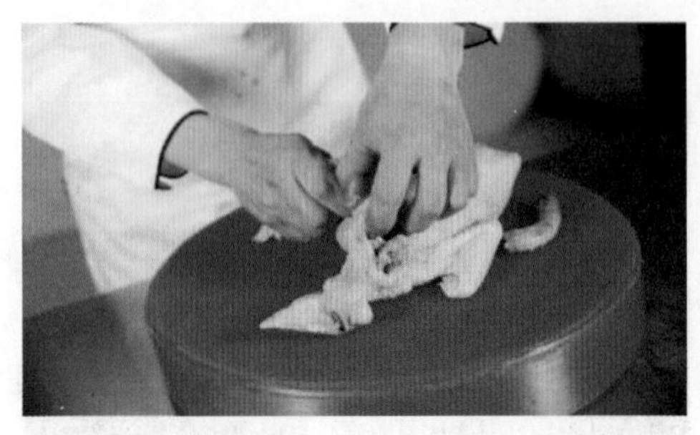
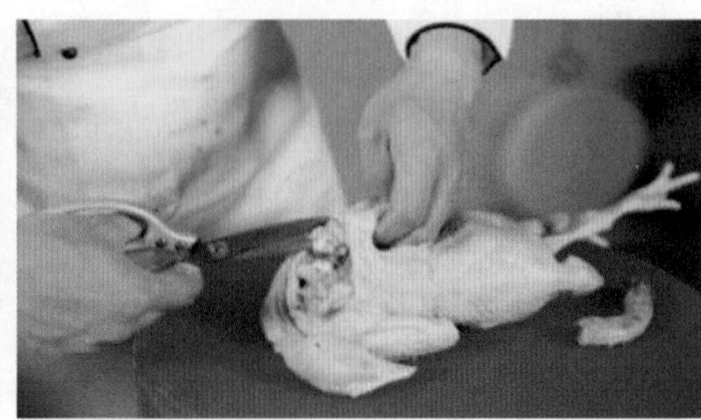

图 7–31　出翅骨

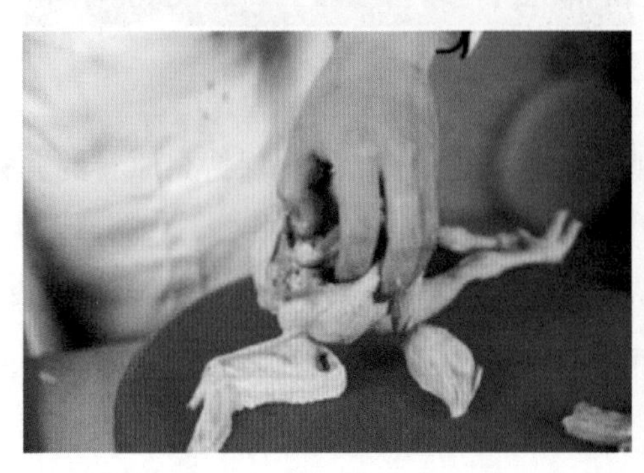
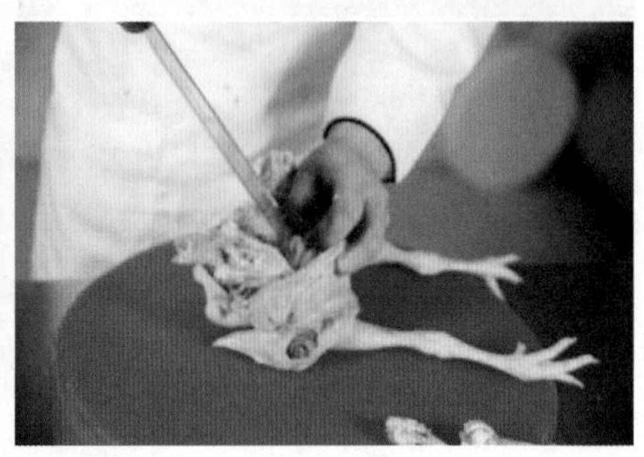

图 7–32　出鸡身骨

4）出鸡腿骨（见图 7–33）。将大腿骨的皮肉翻下一些，使大腿骨关节外露，用刀绕割一周，并断筋，将大腿骨向外抽拉至膝关节时，用刀沿关节割下，再在近鸡爪处横割一刀口，将皮肉向上翻，将小腿骨抽出斩断。至此骨骼已全部出完。

5）翻转鸡皮（见图 7–34）。将鸡的骨骼除净后，将鸡皮翻转朝外，形态仍是一只完整的鸡。

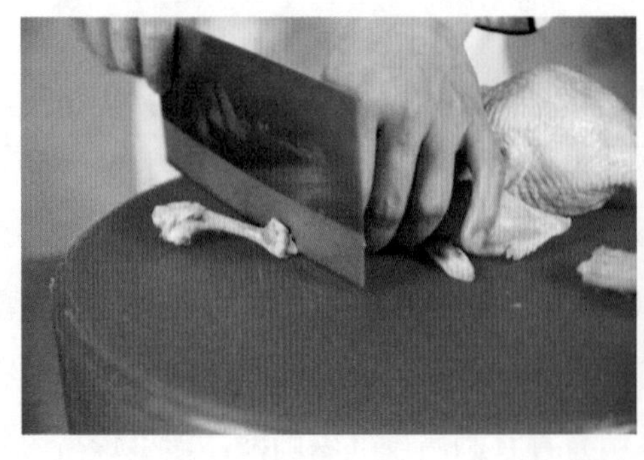
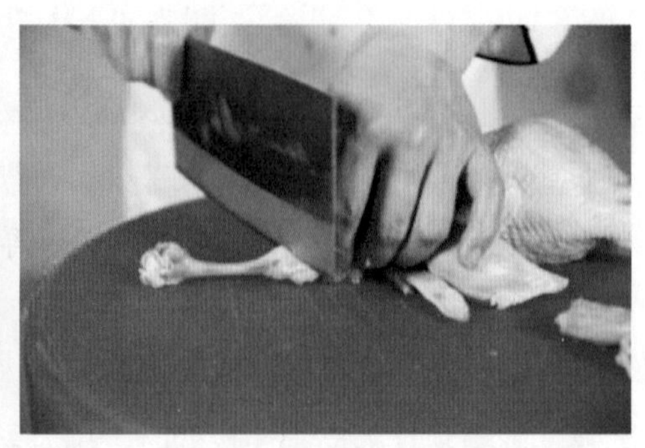

图 7–33　出鸡腿骨

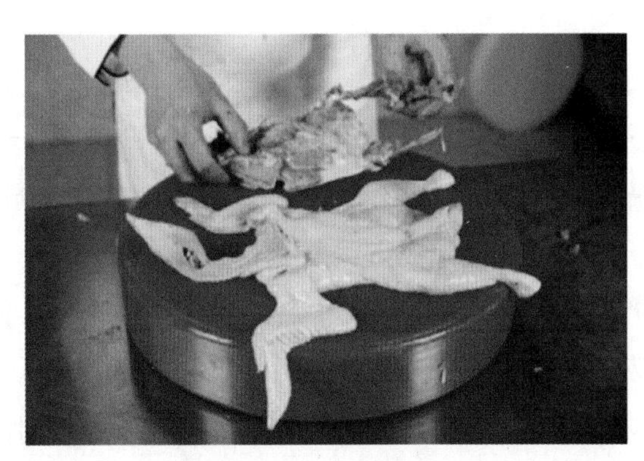

图 7-34　翻转鸡皮

【相关链接】

**肉类的主要化学组成及营养价值**

随着社会的发展和人们生活水平的不断提高，人们对健康日益关注，而饮食营养与健康关系密切，因此营养成为不少人挑选食品的首要考虑因素。单纯吃得饱已经不是人们的唯一目的，如何能吃得好、吃得健康已成为人们关注的话题。饮食健康因此成为人们生活中必不可少的一部分。然而说到饮食健康，一顿健康的饮食搭配自然是少不了肉类的。肉类富含营养素，对维持人体正常生理活动起着至关重要的作用。同时，肉类是人体所需动物蛋白的主要来源，也是人们每天不可缺少的食物。

肉类的热量比较高，其化学组成主要有蛋白质、脂肪、维生素、无机盐及碳水化合物等。由于不同肉类的品质不同，其化学组成成分差异也较大。例如，有的肉过多食用会引起肥胖，有的肉适当食用具有一定的药用价值。因此，只有弄清肉类的营养成分组成及营养价值，有选择性地进行食用，对健康才能起作用。

正是由于肉类对于人们来说必不可少，因此在食用肉类的方式上，人们应该更加注意，应综合利用、搭配食用。肉类蛋白属优质蛋白，且含有谷类食物中含量较少的赖氨酸，因此肉类食品宜和谷类食物搭配食用。合理地食用，既营养又能预防疾病，从而起到防病强身的作用。例如，水果一般含有大量的钾和钠，参与人体代谢可使体液呈弱碱性，肉类含大量脂肪酸，在体内代谢后易使体液呈弱酸性，两者同食可使体液保持酸碱平衡，有利于身体健康；羊肉补阳取暖，生姜驱寒保暖，两者搭配食用可祛除风寒、治疗寒腹疼痛等。但不能盲目搭配，要有科学依据。例如，猪肝和菠菜不能搭配食用，猪肝中含有丰富的铜、铁等微量元素，一旦与含维生素较高的菠菜结合，金属离子很容易使维生素氧化而失去本身的营养价值。

生吃是现在流行的一种饮食方式，我国传统饮食有生吃食物的习俗，但以生吃新鲜蔬菜为主，生吃肉的情况较少。如果对肉类的烹调达不到一定的温度，就不能杀死肉类食物上的寄生虫或病菌。此外，如果食品加热不透，寄生虫也能存活，如火锅、海鲜、烧烤等，最容易使食物处于半生不熟的状态，这时寄生虫卵最为活跃，食用后被感染的概率很高。因此，人们对于肉类不可盲目追求生食的饮食方式。

肉类食品的发展趋势是健康、高质量、安全和方便。食品生产企业在保留传统富有营养的、美味可口的中国特色菜肴的基础上，应大力研究和开发新颖、有特色、美味可口、营养丰富、方便携带的熟制品，以满足消费者对产品的更高要求。同时，必须进一步提高科技含量，如包装和内在质量方面，从而延长保质期，保证卫生质量和营养，保持原汁原味。21世纪，绿色肉类产品已成为消费主流，并将成为今后肉类食品的发展趋势，因此人们在食肉的同时不再仅仅是食肉，而应食“绿色”的肉，做到健康地食肉，科学地食肉，安全地食肉。

## 单元测试题

### 一、填空题（请将正确的答案填在横线空白处）

1. 整鸡出骨的步骤是：划破颈皮，斩断颈骨→去翅骨→______→______→翻转鸡皮。

2. 猪夹心肉具有肌阔、肉质紧、吸水量大、______的特点。

3. 牛肋条肉的特点是______，结缔组织丰富，属______牛肉。

4. 羊脊背肉的特点是肉质______，肉色______，属______羊肉。

5. 猪肚外表有很多黏液，内壁有杂物，加工时一般用______和______揉搓，再里外翻洗使黏液脱离。

6. 常用的开膛方法有______、______、______。

7. 鱼类的加工方法大致可分为整理、去沙、______、______、______、______等。

8. 一般情况下，最适合做“狮子头”的原料是______。

### 二、判断题（下列判断正确的请在括号内打“√”，错误的请打“×”）

1. 手工切制涮羊肉时，手与刀刃的走向是大拇指顺向刀刃。（　　）

2. 在选择刀具时，要考虑其重量和大小，尽量与操作者相匹配，以减少劳动损失。（　　）

3. 加工鸭心时必须洗净血污。（ ）
4. 加工鸭肝时，要撕去鸭肝上的胆囊和血管。（ ）
5. 动物性水产品去脏时可以从腹部、脊部剖口摘除，也可以从尾部摘除。（ ）
6. 鲥鱼在加工时不去鳞。（ ）
7. 黄鱼在加工过程中，去除内脏应该从腮处着手。（ ）
8. 焖煮鸭掌时应用开水。（ ）

## 三、单项选择题（下列每题的选项中，只有1个是正确的，请将其代号填在括号内）

1. 加工鸭肝时，要撕去鸭肝上的胆囊和（ ）。

A. 血管 B. 筋膜 C. 硬皮 D. 软皮

2. 带鱼的初加工步骤为刮鳞→去鲳→剖腹→（ ）→剪去尖嘴、尖尾→洗涤。

A. 去鳃→去内脏 B. 焯水→冲洗

C. 去鳃→焯水 D. 剥皮→烫泡

3. 拆卸加工的主要对象是（ ）。

A. 蔬菜 B. 谷类

C. 较小的动物性原料 D. 较大的动物性原料

## 四、多项选择题（下列每题的选项中，至少有2个是正确的，请将其代号填在括号内）

1. 下列选项中不属于需要烫泡的动物性水产品种类是（ ）。

A. 鲥鱼 B. 墨鱼 C. 黄鳝 D. 鲫鱼

2. 下列选项中不属于动物性水产品初加工方法的是（ ）。

A. 去鲳、去尾 B. 去腮、去尾 C. 去骨、去内脏 D. 去腮、去内脏

3. 下列选项中属于动物性水产品初步加工方法的是（ ）。

A. 宰杀、煺毛 B. 摘洗、去壳 C. 煺毛、去骨 D. 去腮、去内脏

## 五、简答题

1. 羊肉分档取料主要包括哪些部位？

2. 请简述鸡的剔骨与出肉方法。

## 六、操作题

请进行整鸡出骨刀工训练。

# 单元测试题答案

## 一、填空题

1. 出鸡身骨　出鸡腿骨　2. 结缔组织多　3. 肥瘦相间　三级　4. 较嫩　红润　一级　5. 盐　醋　6. 腹开　背开　肋开　7. 剥皮　烫泡　宰杀　摘洗　8. 猪五花肉

## 二、判断题

1. √　2. √　3. √　4. ×　5. ×　6. √　7. √　8. √

## 三、单项选择题

1. B　2. A　3. D

## 四、多项选择题

1. ABD　2. ABC　3. AC

## 五、简答题

1. 主要分为前腿部位，包括前肘子、颈肉、前腿；腹背部位，包括脊背、胸脯、肋条；后腿部位，包括后腿、后肘子。

2. 左手握住鸡的右腿，使鸡腹朝上，头朝外。右手持刀，先将左腿跟部和腹部相连接的肚皮割开，再将右腿同部位的皮割开，把两腿向背后折起，把连接在脊背处的筋割断，再把腰窝的肉割断剔净，左手握住两腿并用力撕下，沿鸡腿骨骼用刀划开，剔去腿骨。然后，左手握住鸡翅，用力向前顶出翅跟关节，右手持刀将关节处的筋割断，将鸡翅连同鸡脯肉用力扯下，再沿翅骨用刀划开，剔去翅骨，将鸡里脊肉取下即成。

## 六、操作题

略。

# 食品雕刻

## 引导语

食品雕刻是用雕、琢、刻等手段将各种具备雕刻性能的可食用性原料制成具有实在体积的艺术形象。食品雕刻是一种美化宴席、陪衬菜肴、烘托气氛、突出主题的造型艺术。它既可以作为菜肴的点缀和装饰，也可以独立使用在各种形式的宴席、展台、美食节、餐饮店庆等活动中。

食品雕刻最初采用的是概念化的雕刻方法，作品略显模糊与粗糙；之后一段时期，雕刻的作品突出形体，讲究形大、有气势；而后，食品雕刻开始更加细致化，精雕细琢，惟妙惟肖。目前，餐饮市场比较普及的是简单的果蔬雕刻形式，其特点是实用、快捷、节约时间和原料，而且造型别致、构思新颖，多用于菜肴的装饰围边及盘头。

在本单元中，将主要介绍食品雕刻的类别、刀工用具的使用方法，以及具体场合具体运用的实践指导基础知识，并在此基础上，对具有代表性的雕刻成品进行实例解析。

## 培训目标

熟悉食品雕刻的分类、运用、刀工用具使用方法、成品保藏等相关理论知识

掌握不同雕刻方法的特点和主要雕刻手法

能够根据不同场合选择雕刻方法

能根据食雕指导原则及教程进行实践操作

# 第1节　食品雕刻概述

## 一、概述

食品雕刻是运用特种刀具刀法将各种动植物食品原料雕刻成平面或立体山水、花卉、鸟兽、鱼虫等形象的一门技艺。其目的是装饰菜肴，增加菜肴色与形的感染力，美化宴席，激发食欲，给人以高雅优美的感受。

我国烹饪历来讲究色、香、味、形、质、意俱全，我们烹制的菜品不仅要注重营养、味道、质感等，而且要重视菜品的造型、色彩与意境等视觉因素，也就是我们所说的菜品“卖相”。食品雕刻是在追求烹饪造型艺术的基础上发展起来的一种点缀和装饰美化菜品的应用技术。

食品雕刻是烹饪领域中不可或缺的一部分，具有举足轻重的地位，对点缀菜肴、美化宴席起着重要作用。随着经济水平的不断提升，各行各业都得到了迅猛的发展，食品雕刻以其独特的艺术风格，悠久的工艺历史以及精湛的制作技术，赢得了人们的青睐与肯定。食品雕刻是一门综合艺术，是雕塑、绘画、插花、灯光、音乐以及书画等综合艺术的体现，用这些形态逼真、寓意深远的食雕作品点缀菜肴，装饰宴席，不仅能突出主题，烘托气氛，而且赏心悦目，增加人们的食欲。随着人们生活水平的提高，人们对菜肴的造型和色泽也有了新的审美要求，这就要求广大厨师和食品雕刻爱好者具备很好的审美眼光与艺术造型能力。

食品雕刻在烹饪中的作用概括起来主要有以下几点。

1. 美化菜肴，突出重点菜肴，尤其是用雕刻方法做的盛器，不仅具有衬托、保温、卫生等实用功能，还有烘托装饰、补充造型、表现情趣等审美作用。

2. 装饰席面，增进情趣，烘托气氛，对用餐者心理的影响很大，尤其在大型宴会、酒会、冷餐会上，用黄油、琼脂、泡沫、果蔬等材料，雕刻出人物、花鸟等作品用来装饰点缀餐桌，不仅能美化环境，还可以活跃宴会气氛，也给人以美的享受。

3. 提高菜肴档次，增加效益。

4. 融入文化，点明宴会主题。例如，寿宴配以寿星、寿桃、寿字、仙鹤、松柏等，喜宴配以鸳鸯、龙、凤、喜字等。

5. 展示厨师技艺，扩大餐饮企业影响，树立饭店形象。

## 二、食品雕刻的分类

食品雕刻的种类可分为以下五种。

### 1. 整雕

整雕就是将作品雕刻成为一个完整且独立的主体形象，其特点是依照实物独立表现完整的形态，不需要其他物体的支持，无论从上下、前后、左右，均可看出它是一个完整的物体造型。整雕的应用范围有两种：一是将作品放在菜肴之中点缀装饰，如龙、凤、花瓶、孔雀、松鹤等；二是将作品独立置于盘内作为艺术品来欣赏。

### 2. 零雕整装

零雕整装是指分别用几种不同的原料雕刻成某一物体的各个部件，然后集中装成完整的物体。它的特点是形态逼真，色彩美丽，不受原料大小限制。例如，“孔雀开屏”中的孔雀身部、头部、冠、眼部、嘴等，可以用几种不同的原料雕刻而成。

### 3. 镂空雕

镂空雕是一种将原料剜穿，使其成为各种透空花纹图案的雕刻方法。镂空法一般用于果表的美化，如西瓜灯的镂空部分。

### 4. 凸雕

凸雕也称阳纹雕或浮雕，即在原料表面上刻出向外凸的图案。

### 5. 凹雕

凹雕又称阴纹雕，是浮雕的一种，为凸雕的逆向雕法，也就是将图案花纹线条雕成凹槽，以平面上凹槽线条表示物象形态的一种表现方法。凹雕常用于瓜果表皮的美化。

## 三、雕刻原料和成品的保藏

### 1. 食品雕刻的原料

食品雕刻的原料很多，大体可分为生原料和熟原料两大类。凡质地坚实、细密，色泽鲜艳的瓜果、根茎类蔬菜，以及某些结构细腻、无骨无刺的固态熟食品都可作为雕刻的原料。在选料时，应根据雕刻的实物形象，从实际需要出发，合理选用生原料或熟原料。生原料要选择脆嫩而不软，肉实而不空，皮薄而无筋，色泽鲜艳而光洁的；熟原料要选择比较结实，细而有韧性，且不易破碎的原料。现将几种常用的雕刻原料介绍如下。

（1）生原料

1）萝卜类。萝卜是食品雕刻最常用的原料。其品种、颜色、形态多样，质地脆嫩，且水分充足，易雕刻，便于成型，常见品种有白萝卜、胡萝卜、青萝卜、红心萝卜（又名心里美）等。萝卜不仅可以雕刻成各种花卉，也可以雕刻成多种山石、亭阁、动物等。

2）薯类。主要有土豆和红薯。薯类颜色、形态各有不同，主要用于雕刻花卉、盆景及动物的形体。土豆和红薯都含有大量的单宁酸和淀粉，遇氧后易变成褐色或者黑色。因此，在雕刻时要求速度快，并及时用水冲洗，以保持成型的色彩。

3）瓜类。瓜类原料一年四季均有，品种也多。雕刻常用瓜类有黄瓜、香瓜、西瓜、冬瓜、南瓜、倭瓜等。这些瓜类不仅可以雕刻成大型的人物、瓜盅、花瓶、盆景等，也可以雕刻成花蕾、青虾、蝴蝶等。瓜类雕刻形式多样，不仅可供欣赏，也具有食用价值，如西瓜盅和冬瓜盅等都是深受人们喜爱的雕刻艺术品和佳肴。

4）叶菜类。主要指油菜和大白菜，常用来雕刻一些菊花品种和花坛、盆景的填衬物等。例如，用大白菜雕刻的银丝菊、卷毛菊形态色彩都特别逼真。很多叶菜类可用于点缀和装饰雕刻成品，如葱、小白菜、香菜、芹菜等可作为花朵的枝叶等。

5）葱类。主要指洋葱和大葱。洋葱有白、微黄和浅紫三种颜色，常用来雕刻睡莲、荷花、玉兰花等。大葱常用葱白雕刻小型菊花等。

（2）熟原料

1）蛋类可用作雕刻的有鸡蛋（熟）、鸭蛋（熟）、松花蛋等，能雕刻成花篮、小鸭子等。此外，还有蛋制品，如白蛋糕、黄蛋糕、三色蛋糕等，用途较广泛，可作为花、鸟、虫等雕刻原料。

2）熟制品主要有香肠、灌肠、火腿、午餐肉等，主要用来雕刻一些简单的花朵和小型动物。

除上述各种常用的食品雕刻原料外，还有很多水果类、藻类、菌类原料，有时为了雕刻大型作品，可采用冰块、黄油等，可根据各种原料的质地、颜色及用途适当选用。

**2. 食品雕刻成品的保管方法**

食品雕刻的原料是可食用的食物原料，大多脆嫩多汁，含有较多水分，容易失水变形、变色，进而腐烂变质，若保管不当，会加快食品雕刻作品的变质，影响食雕作品的艺术效果。因此，食品雕刻作品的保管特别重要。目前，主要采用以下几种方法进行保管。

（1）清水浸泡法。将作品直接放入清水中浸泡，使之吸收水分。这种方法适宜作品短时间的储存与保湿。若浸泡时间过长，雕刻作品易起毛、褪色，甚至变质。清水浸泡作品用的水和容器一定要干净，不可有油、盐等。

（2）矾水浸泡法。矾和清水按 1%～2% 的浓度调配成溶液，将食品雕刻作品放入溶液中浸泡。这种方法能洁净作品，使之能较长时间地保持色彩鲜艳和质地的新鲜，能有效防止腐烂变质，延长作品的储存时间。若发现矾水溶液混浊，应马上更换相同比例的新的矾水溶液，以免食品变质。

（3）低温冷藏法。把雕刻好的作品放在清水中浸湿后，用塑料袋或保鲜膜包好、密封好，放入温度为 3℃左右的冰箱中冷藏，要使用的时候拿出用清水浸泡备用。冰箱温度要控制好，温度过低原料容易结冰，影响效果；过高起不到延长保鲜的作用。

（4）冷冻保管法。这种方法主要适用于冰雕作品的保管。就是将雕刻作品放置在 –18℃以下的冻库中储存保管，只要作品不被损坏，就能长时间储存。

（5）涂膜隔离法。将明胶或是琼脂与清水按一定的比例加热融化，趁热涂抹在雕刻作品的表面，待冷却后会在食品表面形成一层保护膜，起到隔绝氧气、保水保色的作用。应注意不可涂抹得太厚，否则会影响作品的整体效果。特别是一些细节的地方容易被遮盖而不能显现。

（6）清水喷淋法。用装有干净水的喷壶，给做好的雕刻作品喷水，使其保持水分，防止作品干枯、变色，甚至失去光泽。应用时应采取量少勤喷的方法，即每次水量不宜喷得太多，多重复几次。这种方法主要用于雕刻作品展示期间的保鲜。

## 四、食品雕刻的应用场合和方法

### 1. 单独应用

雕刻成品可用于装饰、美化环境，如在宴席厅里用萝卜等原料雕刻出形态各异、色彩鲜艳的各种瓜灯、花朵，插在花瓶中，栽在花盆里，或挂于厅堂，组成食品雕刻展台、看台，以烘托气氛。雕刻成品也可用于宴席席面的装饰，如在大型的圆桌上，用各种花草组成圆形大花坛，再点缀上雕刻好的鹿、鹤等动物，组成大型群雕。

### 2. 冷菜拼盘中的应用

雕刻成品用作衬托冷菜拼盘，如在冷菜拼盘中点缀一些萝卜花，可增加冷菜拼盘菜的美感，在寿庆宴席的冷菜拼盘中放雕刻好的“福”“寿”等字样，能增加宴席的热烈气氛。雕刻成品也是花式冷菜拼盘的组成部分，如半立体冷菜拼盘“双燕迎春”中燕子的翅、身等形状，可使菜品色形俱美，增添进食情趣。

### 3. 热菜中的应用

雕刻成品可用作热菜的配料，如热菜“生炒蝴蝶片”，将荸荠平刻成蝴蝶形状，与主料同炒。有些雕刻成品也是热菜的组成部分，如热菜“荷花嫩白”，是将熟鸡蛋雕刻成荷花形状，围放在白嫩鸡四周。

作品选择应视人物、条件、特定场景而异。如宴会上的食品雕刻，多用“熊猫戏竹”“龙凤松鹤”等作品。喜庆婚宴多用“鸳鸯戏水”“喜鹊踏枝”等作品。食品雕刻不可在宴席上担当“主角”，占宴席的主要地位。否则，会喧宾夺主，使整个宴席的食用价值不大或者没有食用价值。应体现点缀与烘托宴席的宗旨。

## 第2节　食品雕刻刀具及应用

### 一、食品雕刻的刀具与执刀方法

食品雕刻的刀具种类多，大致分为雕刻刀和模型刀两类。雕刻刀小巧玲珑，使用十分方便，且用途广泛。模型刀本身具有某种图案实体，比较实用，操作简便，成型速度快；缺点是立体感略差。现将常用的几种刀具介绍如下。

#### 1. 雕刻刀

（1）平口刀。平口刀大致分为两种，一种两面均有刀刃，另一种只有一面有刀刃。

1）两面均有刀刃的平口刀按规格可分为三种。

①一号平口刀（见图8–1）刀身最宽处约1 cm，一般用以雕刻各种瓜果线条花纹图案等。

②二号平口刀（见图8–2）刀身最宽处约0.6 cm，用法同一号平口刀。

图8–1　一号平口刀

图8–2　二号平口刀

③三号平口刀（见图8–3）刀身最宽处约0.3 cm，常用来整修雕刻原料或在瓜果上划刻长线条图案等。

2）只有一面有刀刃的平口刀可分为两种，一种刀背呈直线状，刀刃有斜口，刀身基本呈三角形；另一种刀口后平直，前尖倾斜，形态似普通水果刀。这种平口刀的刀

图 8–3　三号平口刀

把有固定式和折叠式两种。主要用于削皮、切片、刻花、雕鸟等，是雕刻的必备工具之一。

执刀法：无名指、中指、小拇指弯曲握住刀把，刀刃从食指与大拇指间伸出，刀刃的用力及活动范围主要靠食指关节的上下运动，大拇指掌握运动的力度，有时伸开贴在原料上，有时辅助食指置于刀身上。当然，执刀手法并不是固定不变的，有时需要根据雕品的需要略加改变。

（2）半圆口刀。半圆口刀两头均有刀刃，刀刃呈半圆形。按照型号可将半圆口刀分为三种。

1）一号半圆口刀（见图 8–4）刀刃一头宽约 1.6 cm，另一头宽约 1.2 cm，主要用于雕刻鸟的羽毛、花瓣等。

2）二号半圆口刀（见图 8–5）刀刃一头宽约 1.2 cm，另一头宽约 1 cm，主要用于雕刻圆长形花瓣等。

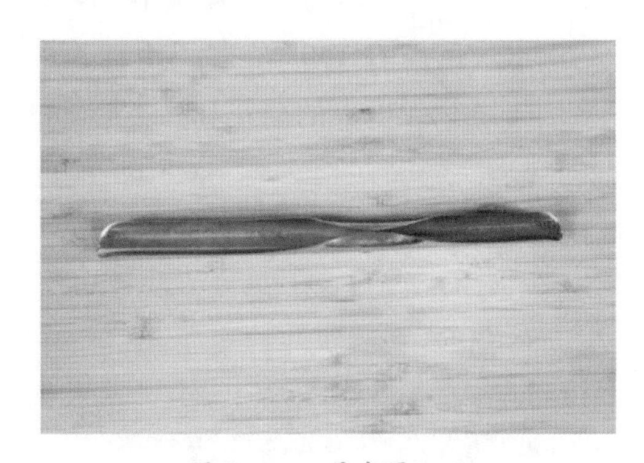

图 8–4　一号半圆口刀

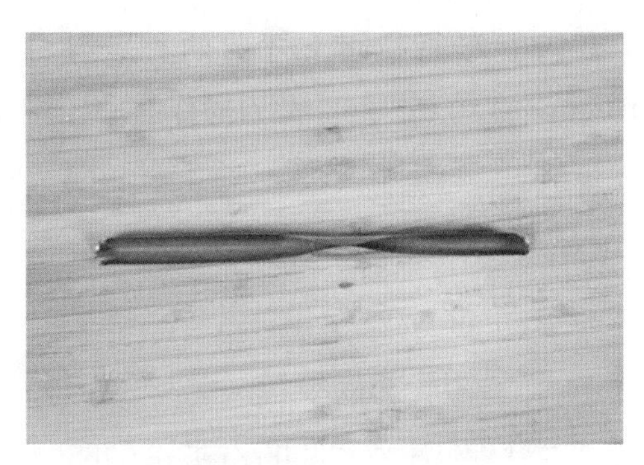

图 8–5　二号半圆口刀

3）三号半圆口刀（见图 8–6）刀刃一头宽约 0.8 cm，另一头宽约 1 cm，主要用于雕刻较大花朵的圆形花瓣等。

半圆口刀是一些半圆形、细条形的花卉（如西番莲、菊花等），以及冬瓜盅、西瓜灯、动物羽毛等需要打沟、戳孔的雕品的必用刀具。具体刀号规格的选用要根据所雕图案而定。

执刀法：食指、大拇指捏住刀把，指肚紧压在刀把上。小拇指、无名指和中指三指靠拢，中指前端托着刀把，需要用到的刀口一头朝向被雕刻的食材，刀身凹面朝上，要求保持稳定，用力要均匀，使用要灵活。

（3）口刀（见图 8–7）。与半圆口刀相似，口刀两头均有刀刃，区别在于口刀的刀刃弧度不是半圆形，而是方口或三角口，常用于雕刻不同的花瓣和不同形状的槽痕等。

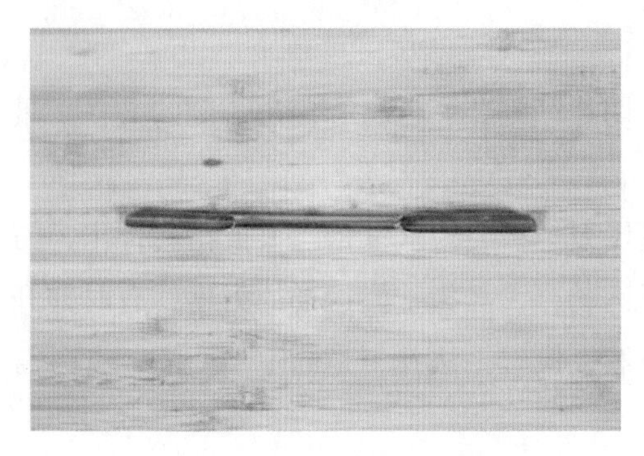

图 8–6　三号半圆口刀

图 8–7　口刀

执刀法：同半圆口刀。

（4）剑口刀（见图 8–8）。剑口刀的刀刃呈宝剑形，两头均有刀刃，刀刃一头宽约 0.2 cm，另一头宽约 0.4 cm。常用于雕刻西瓜灯的环和一些花蕊。

执刀法：同半圆口刀。

（5）单槽弧线刀（见图 8–9）。单槽弧线刀一头为刀刃口，一头镶木把，刀口有向上弯曲和向下弯曲两种。刀身长 5 ~ 6 cm，弧度在 150° 左右。槽深度约 0.3 cm，宽约 0.5 cm。此刀操作有一定难度，多用于雕刻弧度大的菊花和鸟类胫部的羽毛等。

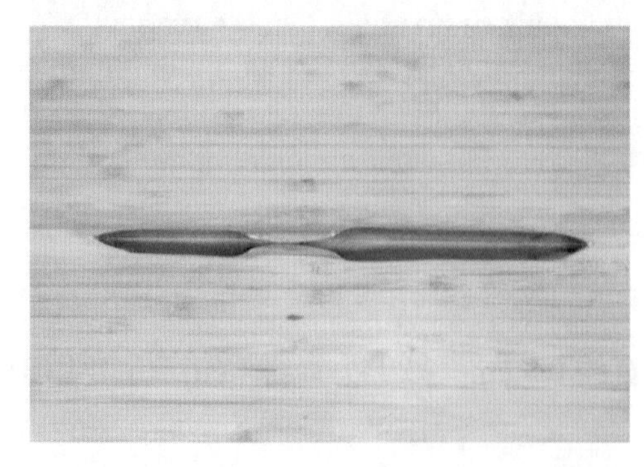

图 8–8　剑口刀

图 8–9　单槽弧线刀

执刀法：同半圆口刀。

（6）圆筒刀（见图8-10）。圆筒刀的刀身长约8 cm，刀刃呈圆形，两头均有刀刃，一头圆刀直径约为1 cm，另一头直径约为2.2 cm。主要用于雕刻花蕊轮廓、直角图案、鱼和鸟的眼睛等。

执刀法：将圆筒刀直立，所需要的刀口朝下，大拇指和食指捏紧刀身中间，保持稳定，由上向下发力。

（7）波浪形花刀（见图8-11）。波浪形花刀是由多个圆口刀槽组成的。刀身高宽均约为8.5 cm，一头是刀刃，一头是方形或圆柱形刀把，刀口处形成波浪形（多槽曲线状）。主要用于雕刻波浪形的花纹。这种刀可用来切黄瓜、茭白、冬笋等，使之呈锯齿形，操作简便，形成的花纹图案美观。

执刀法：将刀身垂直，大拇指捏紧刀把左侧，其他四指并拢，紧贴在刀身的右侧。雕刻时，对准原料由上而下、平稳用力。

图8-10　圆筒刀

图8-11　波浪形花刀

**2. 模型刀**

模型刀操作简便，成型速度快，形态逼真。其仿照制成的模型都是人们生活中所喜爱的一些物体形象。

（1）动植物模型刀（见图8-12）。动植物型的刀种类多样，形态和大小各异。它是仿照自然界某种动植物的形象，用铜片或不锈钢片制成的一类刀具，其共同的特点是一头有刀刃，中间为空心，即模型实体。

执刀法：将整理后的原料放在菜墩或案板上，将模型刀刀刃朝下对准原料平稳用力、向下压透即成。成物取出后，有的不经改刀可直接使用，有的需要切片后修整一下再使用，以增加立体感。具体成型处理应根据需要灵活掌握。

（2）文字模型刀（见图8-13）。文字模型刀是用铜片或不锈钢片制成的汉字、英文字母等字样的一类刀具。通常选用宴会中常用的、有乐趣的、吉祥的文字作为素材，如“喜”“寿”“龙凤呈祥”等。用这种刀具雕刻成文以示其意，既高效又生动。

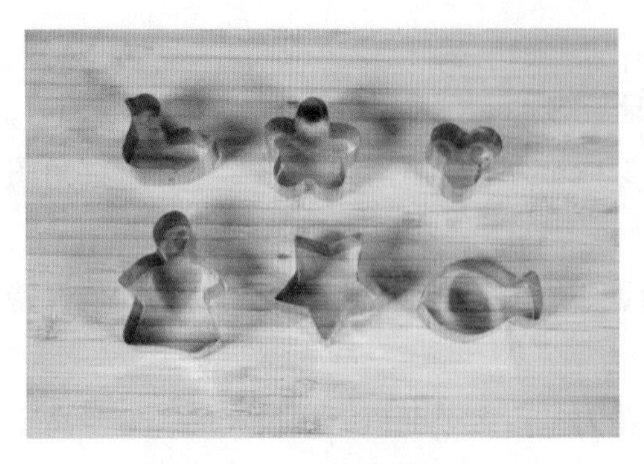

图 8-12　动植物模型刀

图 8-13　文字模型刀

## 二、食品雕刻的刀法

食品雕刻的刀法是指在雕刻原料的过程中采用的各种施刀法。这类刀法不同于冷菜和热菜中所使用的刀法，具有一定的特殊性。刀法要根据原料的质地、性能和雕品需要灵活选用。要使雕品成型快，且形象逼真，必须勤学苦练，熟练掌握各种刀法，注意灵活运用技巧。下面介绍几种常用的刀法。

**1. 切**

切（见图 8-14）一般是用小型平口刀操作，即把原料放在菜墩或者案板上切成所需的形状，或把用模型刀切出的实体切成片。在食品雕刻中，切主要为辅助刀法，很少单独使用。

**2. 削**

削（见图 8-15）是在进入正式雕刻前使用的一种基本刀法。主要用来将原料削得平整光滑，或削出雕品所需的轮廓，即对雕刻原料进行初步加工。削法可分为推削与拉削两种。推削指刀刃朝外，刀背朝里，紧贴原料用力向前推削；拉削即刀刃朝里，刀背朝外，用力方向与推削相反。

图 8-14　切

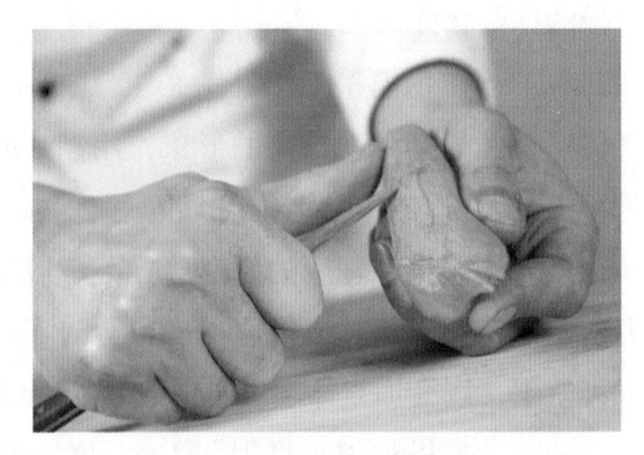

图 8-15　削

### 3. 刻

刻（见图 8–16）是食品雕刻中的主要刀法，可采用平口刀、半圆口刀、斜口刀进行操作。除用于雕刻一些花卉、鸟类外，还可雕刻人物、山石及亭台楼阁等，用途极为广泛。根据刀与原料接触的角度可分为直刻与斜刻。直刻指刀刃垂直于原料，平直均匀地刻下去；斜刻指刀刃倾斜于原料，从一定的角度用力斜刻下去。

### 4. 旋

旋（见图 8–17）是一种用途极广的刀法。它既可以单独使用，又是多种雕刻所必需的辅助刀法，多用于平口刀操作。具体操作时，左手持原料，右手持刀，刀刃倾斜向下，左右两手密切配合，随着原料的滚动进行旋刻。主要用于雕刻弧度大的花卉，或旋去废弃部分。

图 8–16 刻

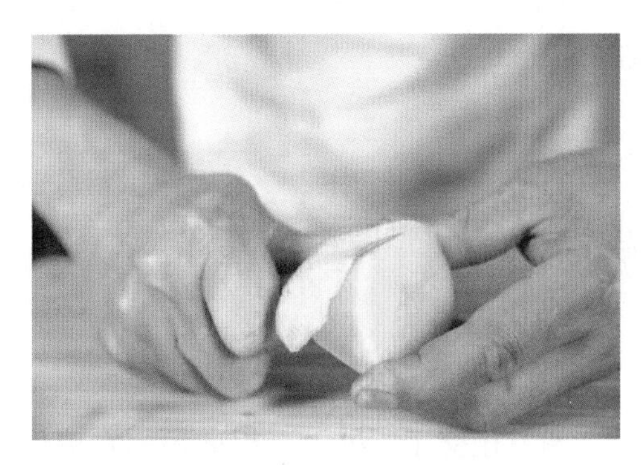

图 8–17 旋

### 5. 戳

戳（见图 8–18）一般用半圆口刀或凿刀操作，主要用于雕刻某些花卉与动物羽毛等，用途广泛。具体操作时，左手托住原料，右手食物和大拇指握住刀把，刀身倚在中指上，对准要刻的原料，层层整齐地排戳下去。两层以上的图案要插空进行，有时要戳透原料，大多是深而不透，具体应根据雕品要求而定。

### 6. 挤压

挤压（见图 8–19）是一种比较简单的刀法，主要适于模型刀的操作。具体操作时，将原料置于菜墩或案板上，刀口向下对准原料，右手手掌用力向下挤压，然后取出模型中的原料。

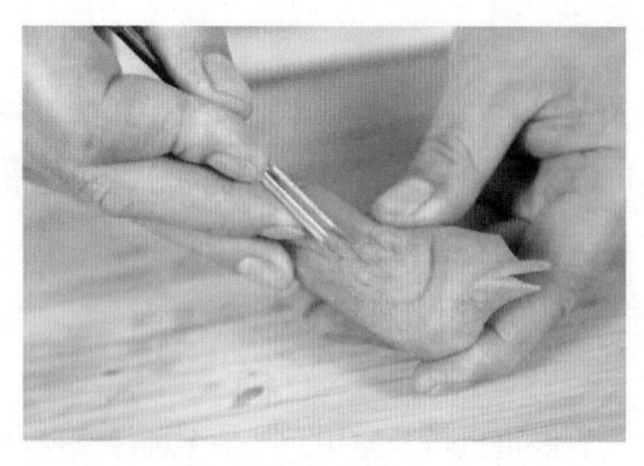

图 8-18　戳

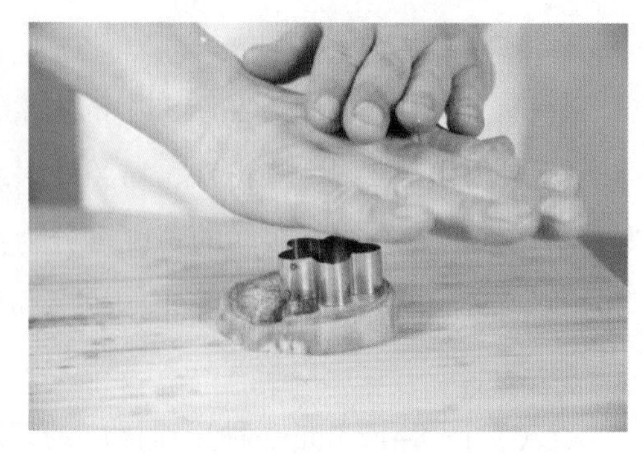

图 8-19　挤压

### 三、食品雕刻的表现手法

食品雕刻的原料种类多样，各种刀法及表现手法应根据雕刻成品的要求和原料的性质灵活运用。

**1. 方槽雕法**

方槽雕法一般用平口刀操作，操作时应用直切法雕刻两边，然后用平口刀铲平，截面成凹字形。

**2. 尖槽雕法**

尖槽雕法一般用斜口刀操作，所雕刻的槽状截面为“V”字型。操作时需雕刻两刀，两刀相交于一处，一刀向原料左侧偏斜，一刀向原料右侧偏斜，再取出中间的原料，截面成为“V”字型的凹槽，如要求凸雕，可在线条图案的两边各雕一个“V”字型的槽口。中间成为一条凸形的尖槽。

**3. 斜槽雕法**

斜槽雕法一般采用平口刀操作，所雕刻的截面为半个“V”字型的斜槽。操作时也要雕刻两刀，两刀相交，一刀将刀身竖直刻一条线，另一刀用适当的偏斜角度向着这条线末端刻，取出两刀中间的原料，就成为凹雕的半“V”字型斜槽。如是凸雕，则在线条图案的两边各雕一个斜槽。

**4. 半圆槽雕法**

半圆槽雕法可用半圆口刀雕刻，雕刻出来的槽状截面为半圆形。半圆槽雕法的用途很广，有很多表现手法，一般用于雕刻鸟的羽毛、花卉等。

**5. 叠片刻**

叠片刻一般用于雕刻花瓣，如雕刻一朵五瓣的梅可分为两个步骤。

（1）雕花心。先将圆柱刀竖直在原料的适当位置上插入，取出后，用尖头刀在四周略去掉部分以凸出为花心雕花槽；将刀身倾斜，于花心四周适当距离处，沿花心刻

5 个半圆形的凹槽，槽口与花心圆圈相交，取出中间的原料，5 个瓣槽就形成了。

（2）刻花瓣。每个花瓣要用两刀刻，第一刀与前面花瓣槽底部对直刻进，不刻断的时候就抽刀；第二刀与第一刀离适当位置刻进，两刀相交时刻断，取出两刀中间的原料，以此类推，这样一片一片的花瓣就凸现在平面上了。

**6. 条刻**

条刻一般用来雕刻鸟羽毛或细长条的花瓣，花瓣的刀法与叠片刻的刀法相似，即在刻花瓣时第一刀形成花瓣，第二刀不在与花瓣对直处刻进，而在与花瓣偏斜的一半刻进，这样就可突出花瓣，而且花将由粗阔片变成只有约半片大小的细条。细条刻一般用来雕刻花细长的花朵，比如菊花等。

**7. 曲线细条刻**

曲线细条刻是用尖头刀和半圆口刀相配合的一种操作方法，一般用于刻细长而弯曲度较大的鸟的羽毛、花瓣等。曲线细条刻的刀法与条刻相似。区别是插入原料后要以“S”形弯曲前进，刻完一层花瓣后用尖头刀把原料表面痕迹旋去，然后再刻第二层，以此类推直至完成。曲线细条刻可制作大丽菊等，刻出的成品经着色再用绿叶相衬，点缀在菜肴上能为宴席增辉。

**8. 翻刀刻**

翻刀刻一般用来刻含苞待放或者半开的花朵、鸟的羽毛等，特点是要向外翻起，刀法分为翘刀翻和隔层翻。

（1）翘刀翻。一般用于刻卷起的细条、花瓣或鸟的羽毛。刀法与条刻基本相似，但在刻花瓣或鸟羽的第二刀时，应将刀柄缓缓向上抬起，使花瓣尖薄，瓣根略厚，再将刀轻轻拔出。完成后放入矾水中浸泡，会使花瓣显得更加自然。

（2）隔层翻。一般用于雕刻较大的、半开放的花朵，先采用叠片刻的方法，将内层花瓣刻好 2 ~ 3 圈，然后在花周围旋去原料一圈，凸出内层花瓣，再在外层用较大的半圆口刀刻几层大花瓣，就会形成一朵外层已开放、内层含苞的花朵。

**9. 直刀刻**

直刀刻通常用尖头刀操做，主要用来雕刻花卉，是一种比较基本的雕刻刀法。如雕刻一朵盛开的月季花，花瓣部分采用直刀刻，具体操作程序是：将原料修成扁圆形，选准角度后刀口向下直刻下去；外层一般为 4 个花瓣，再用尖头刀旋一周，取出雕刻花瓣多余的部分，使花瓣有自然弧度，依次再刻多层，每层花瓣应交错重叠，这样由外向里一层层刻进中心，直到刻成一朵盛开的花。

10. 弧形刻

弧形刻的操作过程同直刀刻相似，主要区别在于运刀的方法不同。例如，刻一朵花的具体操作步骤为：首先把原料用刀旋成莲蓬形，再确定外层每片花瓣的位置；然后用弧形刀法刻进，使外层有 5 片花瓣，再用刀在两片花瓣之间旋出剩余部分，仍用弧形刀法刻成第二层第一片花瓣；最后把第二层的第一片花瓣与外层的另一片花瓣之间的余料旋出，这样依次进行，花瓣相互交错，由外向里，直至成型。用弧形刻法刻成的花朵比直刀刻法刻出的更加自然逼真。

## 第3节　实用食品雕刻教程

### 一、花卉类的雕刻

**1. 月季花（见图 8–20）**

【原料】红心萝卜

【操作步骤】

（1）用主刀定出原料的形状（见图 8–21）。

图 8–20　月季花雕刻成品

图 8–21　用主刀定出原料的形状

（2）将红心萝卜削出 6 个平面（见图 8–22）。

（3）用平口刀由上至下、由薄到厚开出花瓣（见图 8–23），这样花瓣才有支撑力，易于保存。

（4）取下第 1 层花瓣的废料，去料时应该注意保持弧度的圆润（见图 8–24）。

（5）定出第 2 层花瓣的大形（见图 8–25），修出第 2 层花瓣的第 1 瓣花瓣。

（6）修出第 2 层的花瓣。

（7）用直刻法去掉第 3 层第 1 瓣花瓣的废料，用斜刻法向内刻出花瓣（见图 8–26）。

（8）由第 4 层开始用斜刻法向外去掉废料，用直刻法刻出花心（见图 8–27）。

图 8-22　将红心萝卜削出 6 个平面

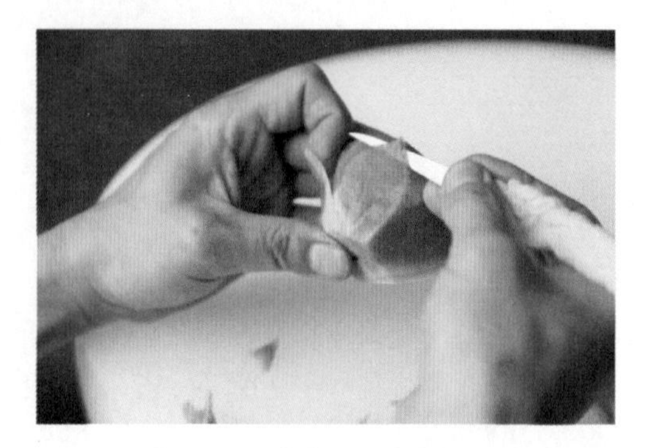

图 8-23　用平口刀由上至下，由薄到厚开出花瓣

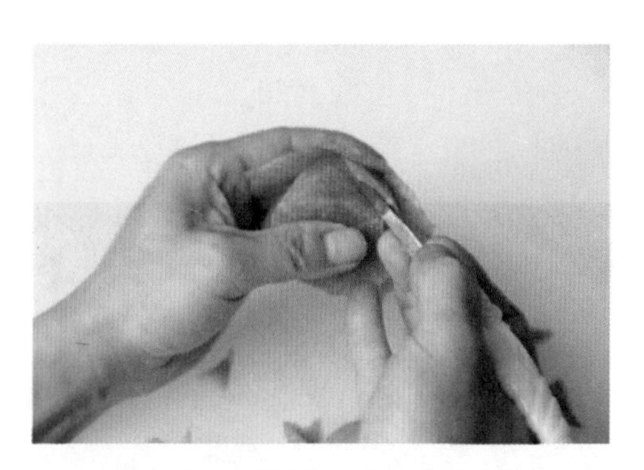

图 8-24　取下第 1 层花瓣的废料

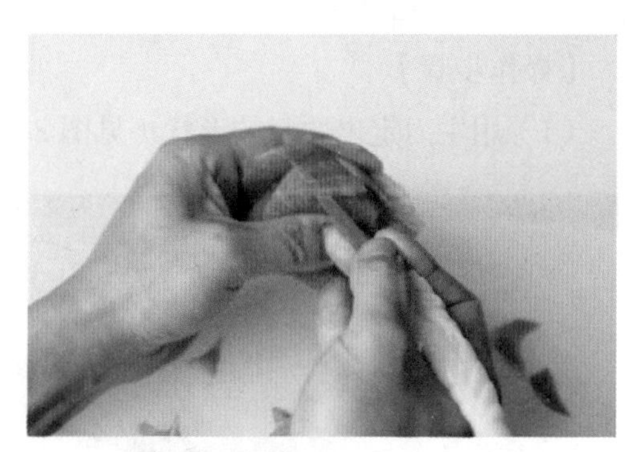

图 8-25　定出第 2 层花瓣的大形

图 8-26　用斜刻法向内刻出花瓣

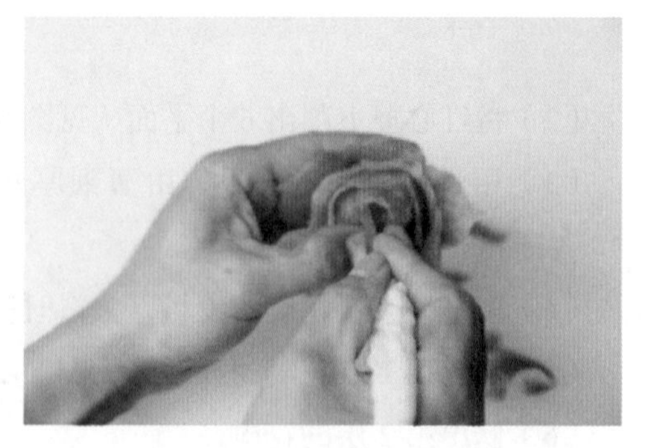

图 8-27　用直刻法刻出花心

**2. 荷花（见图 8–28）**

**3. 菊花（见图 8–29）**

图 8–28　荷花雕刻成品

图 8–29　菊花雕刻成品

## 二、动物类的雕刻

**1. 鸟（见图 8–30）**

**2. 鱼（热带鱼）（见图 8–31）**

图 8–30　鸟类雕刻成品

图 8–31　鱼（热带鱼）雕刻成品

【原料】南瓜、红心萝卜。

【操作步骤】

（1）用主刀开出神仙鱼的大形，鱼身体的位置应留得大些，以方便下一步的雕刻（见图 8–32）。

（2）用平口刀修出神仙鱼椭圆形的身体（见图 8–33）。

（3）用半圆口刀开出神仙鱼的嘴巴（见图 8–34）。

（4）用平口刀划出鱼鳍的纹路，呈扇面状分散向外（见图 8–35）。

（5）取红心萝卜切薄片，使其呈弯曲的细条状，粘贴在鱼身体上面（见图 8–36）。

（6）另取南瓜薄片作为鱼鳍，粘在鱼鳃后面（见图 8–37）。

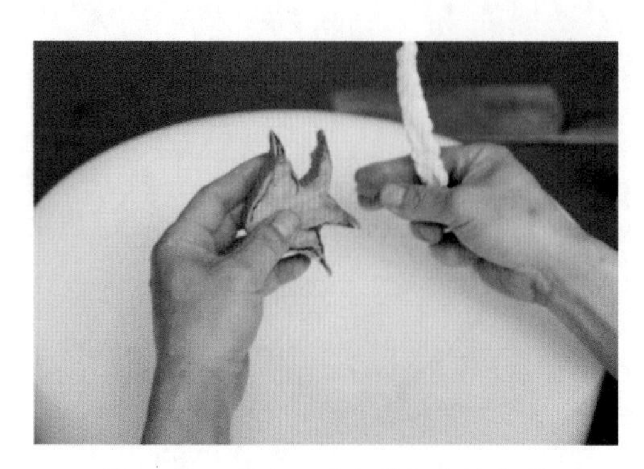
图 8-32　用主刀开出神仙鱼的大形

图 8-33　用平口刀修出神仙鱼椭圆形的身体

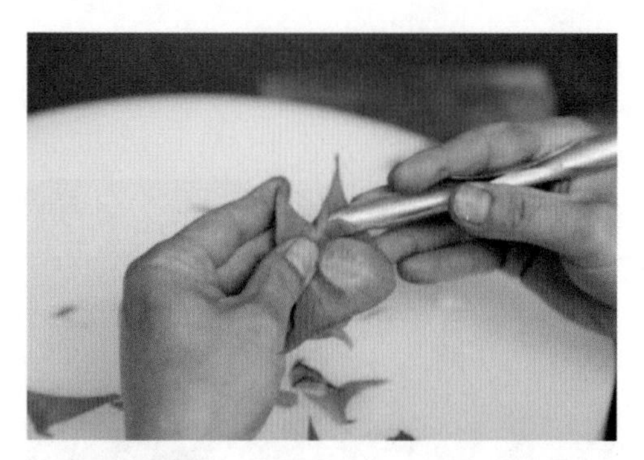
图 8-34　用半圆口刀开出神仙鱼的嘴巴

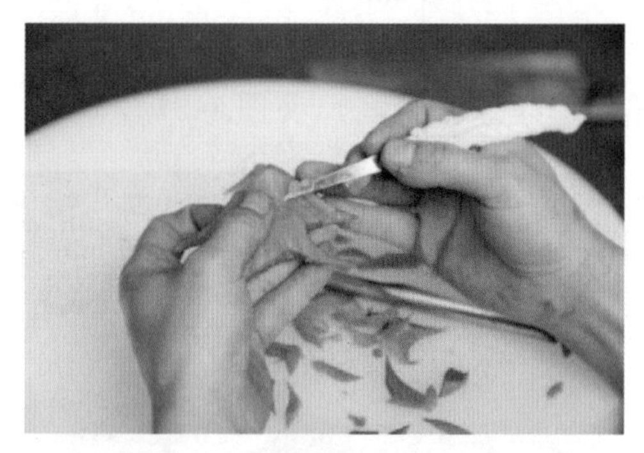
图 8-35　用平口刀划出鱼鳍的纹路

图 8-36　装饰鱼身

图 8-37　将南瓜薄片粘在鱼鳃后面

3. 天鹅（见图 8–38）

图 8–38　天鹅雕刻成品

## 三、吉祥类成品的雕刻

1. 绣球（见图 8–39）

2. 寿字（见图 8–40）

图 8–39　绣球雕刻成品

图 8–40　寿字雕刻成品

## 单元测试题

### 一、填空题（请将正确的答案填在横线空白处）

1. 食品雕刻工具是厨师用来制作食品雕刻的专用刀具，它分为______和______两大类。

2. 食品雕刻分为______、______、______、______、______五种。

3. 将原料用食品雕刻工具雕刻成具有立体形象的物体，称为______。

4. 浮雕按其表现形式可分为______和______两种。

5. ______是指将原料用镂空穿透，刻成具有空透特色的雕刻方式。它一般适用于瓜灯、萝卜灯等雕刻形式。

6. 雕刻常用的原料可分为______和______两大类。

7. 雕刻花卉按先后顺序分为______和______两种。

**二、判断题（下列判断正确的请在括号内打“√”，错误的请打“×”）**

1. 食雕原料的取料原则是因造型取料、因形取料、因色取料。（　　）
2. 整雕的特点是具有整体性和复杂性。（　　）
3. 食品雕刻的生原料有萝卜类、薯类、瓜类、叶菜类、葱类等。（　　）
4. 鸟类雕刻的方法一般有两种：轮廓定位法和按部就班法。（　　）
5. 用于食品雕刻的工具统称为雕刻刀。（　　）
6. 常采用大葱葱白雕刻大型菊花等。（　　）
7. 刻分为直刻和斜刻两种。（　　）
8. 瓜盅雕刻可以分为凸雕刻和凹雕刻。（　　）
9. 食品雕刻成品全部以欣赏为主、食用为辅。（　　）
10. 在食品雕刻中，瓜盅、瓜灯的雕刻形式属于镂空雕。（　　）

**三、单项选择题（下列每题的选项中，只有1个是正确的，请将其代号填在括号内）**

1. 在进行食品雕刻前，必须要先确定主题即（　　）。

A. 选料　B. 布局　C. 制作　D. 命题

2. 食品雕刻的最后一道工序是（　　）。

A. 命题　B. 设计　C. 修饰　D. 制作

3. 下列雕刻作品属于果蔬雕刻的是（　　）。

A. 黄油雕　B. 南瓜雕　C. 蛋糕雕　D. 冰雕

**四、多项选择题（下列每题的选项中，至少有2个是正确的，请将其代号填在括号内）**

1. 食品雕刻的基本刀法有（　　）。

A. 切　B. 削　C. 旋

D. 戳　E. 挤压

2. 洋葱常用来雕刻（　　）。

A. 兔子　B. 荷花

C. 睡莲　D. 玉兰花

3. 食品雕刻的变现手法有（　　）。

A. 方槽雕法　　B. 尖槽雕法　　C. 斜槽雕法
D. 半圆槽雕法　　E. 条刻

## 五、简答题

学习食品雕刻要做到的“四多”是指什么？

## 六、操作题

请用红心萝卜雕刻山茶花。

# 单元测试题答案

## 一、填空题

1. 雕刻刀　模型刀　2. 整雕　零雕整装　镂空雕　凸雕　凹雕　3. 立体雕　4. 凸雕　凹雕　5. 镂空雕　6. 生原料　熟原料　7. 由花瓣向花心雕刻　由花心向花瓣雕刻

## 二、判断题

1. √　2. ×　3. √　4. √　5. √　6. ×　7. √　8. √　9. ×　10. √

## 三、单项选择题

1. D　2. C　3. B

## 四、多项选择题

1. ABCDE　2. BCD　3. ABCDE

## 五、简答题

1. 多看别人的作品。
2. 多动手苦练。
3. 多学有关工艺美术方面的知识。
4. 多动脑筋。

## 六、操作题

略。

# 菜肴围边刀工

## 引导语

盘饰围边是餐饮行业人员对菜肴进行美化的一种技术。适当地运用果蔬围边可以美化菜品，促进食欲，提升菜品的档次，对菜品的包装及文化有无声的宣传作用。

本单元将主要介绍果蔬围边的常用原料及围边基本要求，并以此为基础，对几种具有代表性的菜肴围边进行实例分析。

## 培训目标

熟悉果蔬围边常用原料及刀工处理的基本要求

掌握果蔬围边刀工处理的方式方法

能根据果蔬围边加工的基本原则设计菜肴围边

## 第1节 围边装饰及其分类

围边装饰是指利用菜品主料之外的原料，通过一定的加工使其附着于菜品旁，对菜品进行美化装饰的一种技法。一盘美味可口的菜肴，配上雅致得体的围边装饰，可使菜肴鲜艳、生动、诱人，从而增加宾客的食趣、情趣和乐趣。

围边装饰分为自我围边装饰、立雕围边装饰和平面围边装饰。

### 一、自我围边装饰

自我围边装饰（见图9–1）是一种利用菜肴主、辅原料，并将其制成一定的形象进行烹制成型的装饰方法。菜肴原料可先制成小鸟形、几何形、金鱼形、琵琶形、蝴蝶形、花卉形、玉兔形、佛手形、凤尾形、水果形、橄榄形等。再把盘中成型的单个原料经烹制后按形式美法拼出，从而使激发食欲与赏心悦目融为一体。这类围边形式在热菜造型中的运用最为普遍，可使菜肴形象更加鲜明、突出、生动，给人一种新颖、雅致的美感。

图9–1 自我围边装饰

## 二、立雕围边装饰

立雕围边装饰（见图 9–2）是一种结合食雕的围边形式。一般配置在显示身价的主菜中和宴会席的主桌上。常选用外形符合构思要求、个体较大、水分含量高、质地脆嫩，具有一定色感的果蔬进行雕刻。立雕工艺体积有大有小，有简有繁，一般都是根据命题选料造型，配置在与宴席、宴会主题相吻合的席面上，从而起到强调主题、烘托气氛、提高宴会规格的作用。

图 9–2　立雕围边装饰

## 三、平面围边装饰

平面围边装饰以常见的新鲜蔬菜、水果作为原料，利用原料固有的色泽形状，采用排列、切拼、雕戳、搭配等技法，将原料组合成各种平面纹样，点缀于盘面一角或围饰于菜肴周围，或用于双味菜肴的间隔点缀，构成色彩和谐、高低错落有致的整体，从而起到烘托菜肴特色、丰富席面、渲染气氛的作用。平面围边装饰形式一般有以下几种。

### 1. 全围式花边

全围式花边（见图 9–3）即沿盘子的周围拼摆花边。这类花边在热菜造型中最常见，以圆形为主，也可以根据盛器的外形围成椭圆形、多边形等。

图 9–3　全围式花边

**2. 象形式花边**

象形式花边（见图9–4、图9–5）即根据选用的盛器款式和菜肴烹调方法，把花边围成具体的图形，如扇面形、花卉形、叶片形、花窗格形、灯笼形、鱼形、鸟形等。

图9–4　象形式花边（1）

图9–5　象形式花边（2）

**3. 对称式花边**

对称式花边（见图9–6）指在盘中相对称的花边形式。它的特点是对称、和谐。对称式花边形式一般有左右对称、上下对称、多边对称等。

图9–6　对称式花边

**4. 半围式花边**

半围式花边（见图9–7）即沿盘子的半边拼摆花边。它的特点是统一而富有变化，要求协调。这类花边主要根据菜品装盘形式和在盘中所占的位置而定，要掌握好盛装菜肴的位置、形态比例和色彩的和谐。

图 9–7　半围式花边

**5. 点缀式花边**

点缀式花边（见图 9–8、图 9–9）就是将新鲜蔬菜、水果，以食雕形式点缀在盘子某一边来烘托菜肴。它的特点是简洁、明快、易做，没有固定的格式。一般是根据菜肴装盘后的具体情况，选定点缀的形式、色彩以及位置。这类花边多用于整鸡、整鸭等。点缀式花边有时是为了补充空隙，如盘子过大，装盛菜品不充足，可用点缀式花边形式弥补因菜肴造型导致的不协调、不丰满等情况。

图 9–8　点缀式花边（1）

（1）局部点缀法。局部点缀法即将蔬果加工成型后点缀在盘子一侧。例如，用番茄和香菜叶做成月季花花边点缀在盘边；将改刀后的番茄、柠檬、芹菜拼成菊花形点缀在盘边等。

（2）对称点缀法。对称点缀法指用装饰原料在盘中做出对称的点缀物。该方法的特点是对称、协调、简单、易操作，一般在盘子两头做出大小一致、同样色泽的花形。例如，用黄瓜切成连刀边，隔片卷起，放在盘子两端，在每两片逢中嵌入一颗红樱桃，做成的对称花边十分美观。

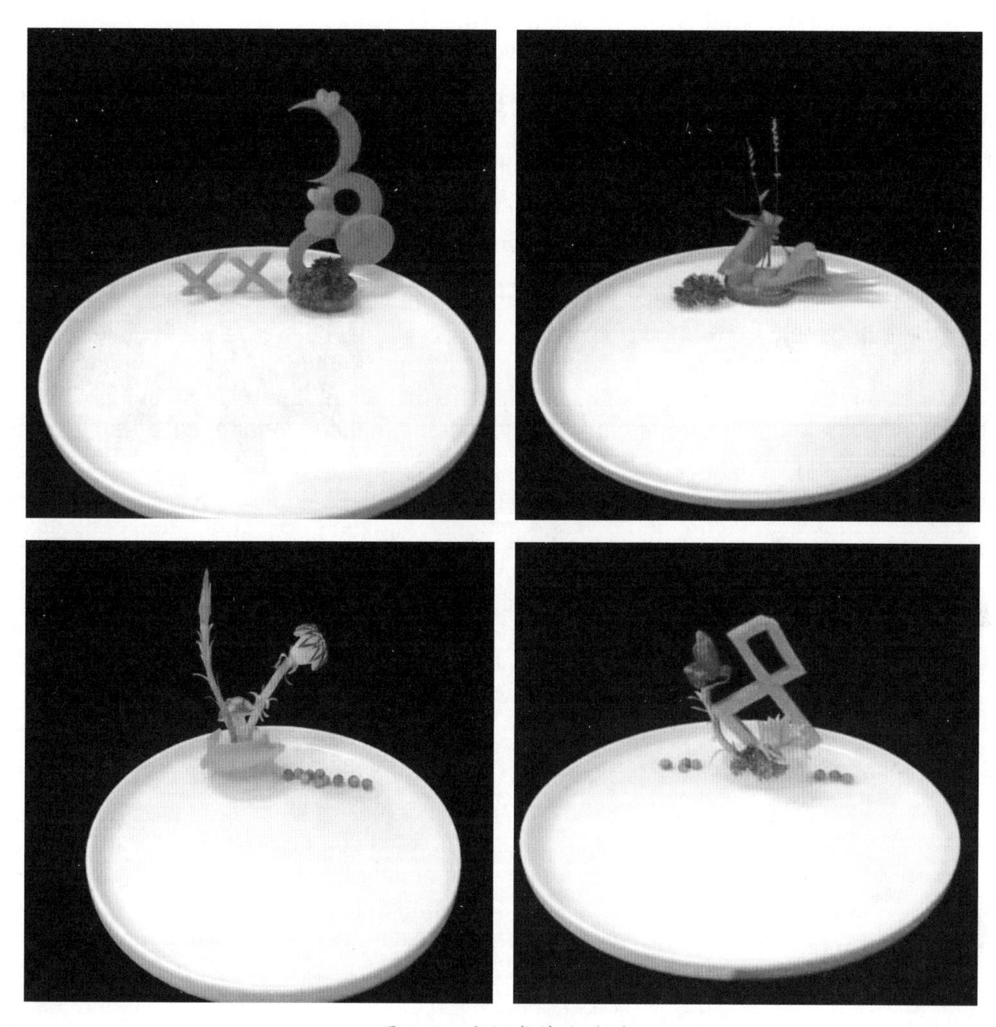

图 9-9　点缀式花边（2）

（3）中心点缀法。中心点缀法即在盘子中间用装饰原料拼成花卉或其他形状，对菜肴进行装饰的方法。该方法能把散乱的菜肴通过盘中心拼花的装饰统一起来，使其变得美观。

（4）全围点缀法。全围点缀法即通过一定的方法将装饰原料加工成型，围在菜肴的四周。这种围边适于圆盘的装饰，效果比其他点缀方法更整洁，但对刀工的要求较严格。例如，用煮熟去壳的鹌鹑蛋沿中线用尖刀锯齿状刻开，围在盘子周围；用黄瓜、胡萝卜、樱桃、蛋皮丝等拼成宫灯图案花边，围在盘子周围等。

（5）半围点缀法。半围点缀法是在餐盘的一边将装饰原料拼制摆放成半圆状的方法，点缀范围大约需占盘边的 1/3。

**6. 中心与外围结合花边**

图 9-10　中心与外围结合花边

中心与外围结合花边（见图 9-10）形式较为复杂，是平面围边与立雕围边的结合，常用于大型豪华宴会、宴席，通常选用的盛器较大，装点时应注意菜肴与形式的统一。中心与外围结合花边力求精致、完整，并要掌握好层次与节奏的变化，使菜肴整齐美观、丰盛大方。

# 第2节　围边的常用原料及基本要求

## 一、围边的常用原料

围边的原料分为蔬菜类、水果类以及动物类。

### 1. 蔬菜类

胡萝卜、白萝卜、洋葱、青椒、黄瓜、卷心菜、绿叶菜、莴笋、四季豆、竹笋、南瓜等，可雕刻成花卉或改刀成型，用于冷菜、热菜的装饰点缀，色形俱全，效果甚佳。另外，香菜、生姜、青蒜，可做成花叶形状或切成丝，用于炸制菜的点缀，既有助于色形的调配，又能起到一定的调味作用。

### 2. 水果类

樱桃、猕猴桃、苹果、菠萝、柠檬、西瓜、香瓜、香蕉等，色彩各异，一般作为冷菜的装饰原料，既可增色、组合成型，又可调节口味。

### 3. 动物类

熟牛肉、鸡蛋羹、香肠、炸虾片、鲍鱼、猪舌、猪心等均是围边常用的动物类原料。

## 二、围边的基本要求

在制作工艺上，除了重视围边的审美价值外，也要注意它的营养价值。围边装饰具有以下四个原则。

### 1. 口味上要注意装饰原料与菜品的一致性，形美色美

装饰物与菜肴的色泽、内容、盛器必须谐调一致，从而使整个菜肴在色、香、味、形诸方面趋于完整而形成统一的艺术体。宴席菜肴的美化还要结合宴席的主题、规格，以及宴者的喜好与忌讳等因素综合考虑。

### 2. 制作时间不要太长，以不影响菜品质量为前提

菜肴进入宴席后往往被一扫而空，其装饰物没有长期保存的必要，加之价格、卫

生等因素及工具的限制，不可能制作出很复杂的构图，也不能过分地雕饰和投入太多的人力、物力和财力。装饰物的成本不能大于菜肴主料的成本。

**3. 围边原料必须卫生可食用**

装饰美化是制作美食的一种辅助手段，同时又是传播污染的途径之一。蔬果装饰物必须进行洗涤消毒处理，尽可能少用或不用人工色素。装饰美化菜肴时，在每个环节中都应重视卫生，无论是个人卫生还是餐具、刀具卫生都不可忽视。同时，装饰物应能够被食用，而不仅仅用作摆设。所以，以可食用的小件熟料、点心、水果作为装饰物来美化菜肴的方法值得推广；而采用雕刻制品、生鲜蔬菜、面塑作为装饰物来美化菜肴的方法应受到制约。

**4. 围边原料色彩、图案应清晰鲜丽，对比调和**

出于美化菜肴考虑，围边原料一般选用色彩鲜艳亮丽的新鲜蔬果。其味多清淡，煎炸菜肴常配爽口原料，甜味菜肴宜与水果相衬。由于每一道菜的色彩、风格不同，所用围边的原料也各不相同。

## 单元测试题

### 一、填空题（请将正确的答案填在横线空白处）

1. 插花法是将原料切成薄片，______或叠制后，用牙签插成不同花朵造型的点缀法。

2. 围边要以______、______、______来体现技艺的精湛。

3. 加工点缀花一般以色彩鲜艳，具有______的原料为宜。

4. 半围点缀法是在餐盘的一边将点缀花______成半圆状的方法。

5. 点缀品的使用应掌握______的原则，要突出主题。

6. 中心与外围结合花边是______与______的有机结合，常用于大型豪华宴会、宴席。

7. 半围式花边主要根据______和______而定。

8. 对称式花边的特点是______、______。

9. 平面围边装饰以常见的______、______作为原料。

### 二、判断题（下列判断正确的请在括号内打“√”，错误的请打“×”）

1. 围边装饰是根据菜肴特点，给予菜肴必要和恰如其分的美化，以完善和提高菜肴外观质量的操作过程。（　　）

2. 围边装饰可分为平面围边装饰、立体围边装饰和菜品围边装饰三种。（　　）

3. 平面围边装饰以常见的新鲜蔬菜、水果作为原料。（　　）

4. 平面围边装饰采用切拼、搭配、雕戳、排列等技法，将原料组合成各种平面纹样。（　　）

5. 全围式花边即沿盘子的周围拼摆花边。（　　）

6. 全围式花边在热菜造型中最常见，以方形为主，也可根据盛器的外形围成圆形、椭圆形等。（　　）

7. 半围式花边的特点是统一而富有变化，不求对称，但求协调。（　　）

8. 象形式花边可以围成具体的图形，如花卉形、叶片形、花篮形、鱼形、鸟形等。（　　）

9. 平面围边与立雕围边的有机结合常用于小型宴会。（　　）

10. 围边应以夸张的手法来体现艺术效果。（　　）

## 三、单项选择题（下列每题的选项中，只有 1 个是正确的，请将其代号填在括号内）

1. 局部点缀法，多用于（　　）菜肴的装饰。

A. 单一料成品　　B. 整料成品　　C. 小型成品

2. 半围点缀法的摆放要求是要掌握好盛装菜品与点缀花的分量，以及（　　）的搭配。

A. 品种　　B. 色彩、形态　　C. 味道

3. 色彩鲜艳的冷盘可用（　　）原料来点缀。

A. 对比度强烈的　　B. 对比度较弱的　　C. 对比度一般的

4. 雪白的芙蓉鸡片用十几粒火腿进行点缀的目的是（　　）。

A. 增强菜肴色泽美　　B. 补充菜肴营养

C. 调整菜肴口味　　D. 丰富菜肴形态

## 四、多项选择题（下列每题的选项中，至少有 2 个是正确的，请将其代号填在括号内）

1. 围边装饰按照形态和原料的变化，可分为（　　）。

A. 平面围边装饰　　B. 立体围边装饰

C. 立雕围边装饰　　D. 自我围边装饰

2. 平面围边装饰常以（　　）作为原料。

A. 新鲜水果　　B. 新鲜蔬菜

C. 漂亮的花　　D. 手工艺品

3. 一般对称式花边有（　　）等形式。

A. 上下对称　　B. 左右对称　　C. 多边对称

4. 平面围边装饰分为（　　）这几种类型。

A. 全围式花边　　B. 半围式花边　　C. 对称式花边

D. 象形式花边　　E. 点缀式花边　　F. 中心与外围结合花边

5. 点缀式花边的特点是（　　）。

A. 简洁　　B. 明快　　C. 易做　　D. 复杂

## 五、简答题

1. 请简述围边装饰的定义。

2. 围边装饰分为哪几类?

## 六、操作题

请制作平面围边装饰。

## 单元测试题答案

### 一、填空题

1. 卷制　2. 整齐　匀称　平展　3. 可塑性　4. 拼制摆放　5. 少而精　6. 平面围边　立雕围边　7. 菜品装盘形式　在盘中所占的位置　8. 对称　和谐　9. 新鲜蔬菜　新鲜水果

### 二、判断题

1. √　2. ×　3. √　4. √　5. √　6. ×　7. √　8. √ 9. ×　10. ×

### 三、单项选择题

1. B　2. B　3. A　4. D

### 四、多项选择题

1. ACD　2. AB　3. ABC　4. ABCDEF　5. ABC

### 五、简答题

1. 围边装饰是指利用菜品主料之外的原料，通过一定的加工使其附着于菜品旁，对菜品进行美化装饰的一种技法。

2. 围边装饰分为自我围边装饰、立雕围边装饰和平面围边装饰。

### 六、操作题

略。

# 冷菜拼盘、水果拼盘刀工

## 引导语

拼盘是一种能够增进食欲、美化席面的菜肴美化技巧。拼盘与食品雕刻同属一门技术，需要经过正规的学习与训练方能掌握。

本单元将重点介绍冷菜拼盘的设计制作技艺及水果拼盘的刀法运用基本知识，在此基础上剖析具有代表性作品的制作技艺。

## 培训目标

熟悉冷菜拼盘的造型设计方法

熟悉水果拼盘的注意事项

掌握冷菜拼盘和水果拼盘常见刀工的运用方法

能根据拼盘制作原则及教程进行拼盘设计制作

# 第1节　冷 菜 拼 盘

## 一、概述

冷菜拼盘是指将原料烹制成熟后，经过切配加工和拼摆，将其整齐美观地装入盘内。拼摆的质量取决于刀工的技术和装盘拼摆技巧的熟练程度。因此，刀工与装盘是冷菜拼盘成型的两大关键要素。

### 1. 常用刀法

冷菜拼盘制作时对刀工的要求是：整齐划一、干净利落、配合图案、协调形态。切配冷菜时的刀工技法应根据熟料的不同性质灵活选用，刀工的轻、重、缓、急要有分寸，成型原料的厚薄、粗细、长短均要一致。冷菜拼盘制作过程中常用的刀法有锯切、滚切、劈、剁和抖刀片。

### 2. 配合方法

冷菜拼盘的制作除用到上述刀法外，有时还需配合一些特殊刀法，主要有如下几种。

（1）雕刻法。平面雕刻法、立体雕刻法。

（2）花刀。麦穗形花刀、斜一字花刀、十字花刀等。

（3）原料整形。一般是根据拼摆的具体要求，将原料用刀切或用模具挤压成不同形状的实体，然后切成形状不同的片，如柳叶片、月牙片、玉兰片等。

## 二、装盘

装盘是冷菜拼盘制作过程中的最后一道工序，要求厨师不仅应具有熟练的刀工技法，还要有一定的美术基础知识和熟练的装盘技巧，使冷菜的色、香、味、形、器五个方面都完美。

装盘的基本要求是：色彩和谐、用料合理、刀工整齐、拼摆合理、盛器精美。

**1. 冷菜装盘的类型**

冷菜装盘的类型按拼摆形式大致可分为单盘、拼盘和艺术拼盘三种。

（1）单盘（见图 10–1）。单盘又称独盘或独碟，就是将一种冷菜原料装于盘中，属于最普通的一种装盘类型。单盘虽然只装一种冷菜原料，但不代表只是简单地把冷菜堆放在盘内，需要用刀工技术将原料加工成一定形状，摆成一定的样式，如桥形、四方形、花朵形等。

（2）拼盘（见图 10–2）。拼盘是将两种或两种以上的冷菜拼摆在一个盘内，分为双拼盘、三拼盘和什锦拼盘等。

图 10–1　冷菜单盘

图 10–2　冷菜拼盘

1）双拼盘。双拼盘即将两种冷菜原料装在一个盘中。双拼盘要求拼得整齐美观，注意颜色搭配，做到色彩分明。有的双拼盘仿照单盘的装法，要求两种原料相互对称、整齐美观；有的双拼盘将一种原料摆于盘中间，另一种原料围在其四周或堆放在上面。双拼盘的拼摆方法比单盘复杂。

2）三拼盘。三拼盘就是把三种冷菜原料装在一个盘中。这种方法对刀工以及原料的形状、色彩、口味、比例等均有较高的要求。三拼盘的拼摆形式有扇面形和三角形等。例如，将蓑衣黄瓜、盐水鸭、五香牛肉三种原料呈扇面形拼摆在一个圆盘上。

3）什锦拼盘（见图 10–3）。什锦拼盘就是把许多种不同的冷菜装在一个盘子中，这种方法对拼摆技术要求较高，难度也较大，刀工讲究精巧细腻，颜色要深浅相宜，造型要美观大方，味道要变化多样。

（3）艺术拼盘（见图 10–4）。艺术拼盘也称花色冷菜拼盘，就是将多种原料经过艺术加工后，在盘内摆成一定的图案或造型，多用于高档宴席。艺术拼盘既要求构思精巧、色彩丰富，又要求选料适当、刀工精湛、拼摆细致，这样才能色彩协调、造型逼真、口味多样。

图 10–3　什锦拼盘

图 10–4　艺术拼盘

**2. 冷菜装盘的样式**

冷菜装盘拼摆样式丰富多彩、变幻无穷。各种样式既有相似处，又有不同点，没有固定的形式。常用的样式有以下几种。

（1）馒头形。馒头形就是将冷菜原料在盘内摆成中间高、周围低，形似馒头的样式。要求拼摆后呈圆形，面部的条状要均匀对称。馒头形是比较常见的一种冷菜装盘样式，多用于单盘，如盐水鸭、白斩鸡等。

（2）四方形。四方形就是将原料经刀工切制后整齐地叠成正方体，因其形似古代的官印，也称为“官印形”。此形要求刀工精细，堆放整齐，具有立体感，多用于单盘，也可用于双拼盘，如水晶肴肉、拌芹菜等。

（3）菱形。菱形即将冷菜切成丝、块等形状后整齐地摆放在盘中，使其呈菱形状，也可以将冷菜原料切成菱形块放入盘内。多用于单盘、拼盘，如冻羊糕、五香牛肉等。

（4）桥梁形（见图 10–5）。桥梁形即将原料在盘中拼摆成中间高、两头低的拱形样式，多用于单盘、双拼盘或三拼盘。桥梁形对刀工的要求极高，原料的长短、厚薄、大小均要加工均匀，拼摆时注意对称。

（5）螺蛳形。螺蛳形即将冷菜拼摆成螺旋形，常用于拼装基围虾、火腿肠等。

（6）花朵形。花朵形就是将冷菜原料切成片、块后，装入盘中摆成各种花的形状，多用于单盘、双拼盘、三拼盘或什锦拼盘。

图 10–5　桥梁形拼盘

## 第2节　水果拼盘

### 一、概述

水果拼盘就是将各种切好的水果在盘子里面摆成各式的形状。在水果拼盘的制作过程中应注意以下几点。

**1. 选料**

从水果的颜色、形状、口味、外观完美度等多方面对水果进行挑选。将选择的几种水果组合在一起，搭配应协调。要注意的是水果本身应是成熟的、新鲜的、干净的。制作拼盘的水果不能过熟，否则会影响加工和摆放。

**2. 构思**

制作水果拼盘的目的是使简单的、独立的水果通过形状、色彩等方面的结合成为艺术性的整体，以色彩和美观取胜，从而刺激客人的感官，增进其食欲。水果拼盘虽不像冷菜拼盘和食品雕刻那样复杂，但也不能随便应付，制作前应对应宴会的主题，并为其取名。

**3. 色彩搭配**

水果拼盘颜色的搭配一般有对比色搭配、相近色搭配及多色搭配三种。红配绿、黑配白是标准的对比色搭配，红、黄、橙的搭配属于相近色搭配，红、绿、紫、黑、白的搭配属于多色搭配。

**4. 造型与器皿**

根据选定水果的色彩和形状可进一步确定整盘的造型。整盘水果的造型要有器皿来辅助，不同的艺术造型要选择不同形状、规格的器皿。如长形的水果造型便不能选择圆盘来盛放。另外，还要考虑到盘边的水果围边装饰，也应符合整体美，并能衬托主体造型。

器皿的质地一方面可根据场地的档次来选择，另一方面可根据水果拼盘的价格来确定。酒吧常用的水果拼盘器皿为玻璃制品，高档些的器皿还有水晶制品、金银制品等。

5. 刀工

选好水果、造型和器皿，便可动手制作水果拼盘。操作时，刀工应以简单易做、方便出品为原则。

6. 出品

出品应做到现做现出品。水果拼盘制作好后要防止营养、水分流失，尤其要保证水果的清洁卫生，同时配置相应的食用工具及适量餐巾纸。

## 二、常用刀法及实例

1. 常用刀法

（1）打皮。用小刀将原料的外表皮削去，一般是指不能食用的部分，皮可食用的水果一般不必削皮。有些水果去皮后暴露在空气中会迅速氧化发生色泽变化，因此去皮后应迅速浸入柠檬水中护色。

（2）横刀。沿着与原料自然纹路相垂直的方向施刀，可切块、切片。

（3）纵刀。沿着原料自然纹路的方向施刀，可切块、切片。

（4）斜刀。沿着与原料自然纹路呈夹角的方向施刀，可切块、切片。

（5）剥。用刀将不能食用的部分剥开。

（6）锯齿刀。用刀在原料上切割，每一直刀后接一斜刀，刀口成对相交，每对刀口的方向呈夹角，成品刀口处呈锯齿形。

（7）勺挖。用勺将水果挖成球形，多用于瓜类水果。

（8）剞或挖。用刀剞或挖去水果不能食用的部分，如破损的部位和果核等。

加工水果应注意，无论采用何种方法，水果的厚薄、大小应以能够直接被食用为宜。

2. 水果拼盘实例

（1）瓜类。西瓜、哈密瓜的肉质丰满、韧性较足，可加工成球形、三角形、长方形等几何形状。形状可大可小，不同的形状通过规则的拼摆，既方便食用又有艺术效果。另外，利用瓜类水果表皮与肉质色泽的差异，将瓜瓤掏空，在外表皮上刻出线条，可将瓜皮制成盅状、篮状等，效果较好。瓜类水果拼盘如图 10–6 所示。

（2）柑橘类。柑橘体型较大，表皮厚而易剥，可将其表皮加工成篮或盅状盛器，里面放入一些颜色较为鲜艳的圆果，如圣女果、荔枝等。取出来的柑橘果肉可用来做围边装饰。柠檬和橙子，由于其表皮与果肉不易分离，一般将其加工成薄形圆片或半圆，用叠、摆、串等方法制成花边。柑橘类水果拼盘如图 10–7 所示。

（3）小果（圣女果、樱桃、荔枝等）类。这类水果形状较小，颜色艳丽，果肉软嫩含汁多，多用于装饰或点缀盅、篮等盛具的内容物。小果类水果拼盘如图 10–8 所示。

图 10-6　瓜类水果拼盘

图 10-7　柑橘类水果拼盘

图 10-8　小果类水果拼盘

## 单元测试题

### 一、填空题（请将正确的答案填在横线空白处）

1. 冷菜拼盘制作是冷菜______和冷菜______的结合。
2. 冷菜拼盘的步骤包括选料、______、盖边、盖面和______。
3. 冷菜拼盘的样式有馒头形、四方形、______、桥梁形、螺蛳形和______。
4. 冷菜拼盘制作前，要根据宴席的______，构思出与其相适应的主题。
5. 冷菜间室温不得高于______。
6. 切配冷菜的______、菜墩、抹布等工具必须保持齐全，且生熟、荤素严格分开。

### 二、判断题（下列判断正确的请在括号内打“√”，错误的请打“×”）

1. 切配冷菜，运刀要有力度，要稳、准、快。（　　）
2. 冷菜拼盘的拼摆只要将其与带汁的菜肴分开即可，菜肴味道的轻重无须考虑。（　　）

3. 平面式花色拼盘注重味道，故对造型要求比较少。（　　）

4. 无论哪一种类型的冷菜拼盘，用色应暖色多一点，冷色少一点，以求高雅别致。（　　）

5. 拼摆手法在冷菜拼盘制作工艺中尤为重要，是实现美感的重要途径。（　　）

6. 冷菜装盘的类型按拼摆形式大致可分为单盘、拼盘和艺术拼盘三种。（　　）

7. 冷菜是各种宴席必不可少的菜肴，素有菜肴“脸面”之称。（　　）

## 三、单项选择题（下列每题的选项中，只有1个是正确的，请将其代号填在括号内）

1. 冷菜拼盘造型应坚持方便食用、（　　）的原则。

A. 选料广泛　　B. 工艺讲究　　C. 安全卫生

2. 花色冷菜拼盘常置于宴席的中间，故称（　　）。

A. 主盘　　B. 看盘　　C. 食用盘

3. 冷菜拼盘拼摆时，一般采用（　　）的颜色搭配，突出主题。

A. 对比强烈　　B. 黑白　　C. 相近

## 四、多项选择题（下列每题的选项中，至少有2个是正确的，请将其代号填在括号内）

1. 冷菜拼盘制作是指（　　）的技术。

A. 冷菜制作　　B. 冷菜拼摆　　C. 食品雕刻　　D. 冷菜装饰

2. 冷菜制熟后讲究拼摆，是将经过加工的冷菜原料运用不同的刀法和拼摆手法制成具有一定图案的拼盘，如（　　）等。

A. 双拼盘　　B. 三拼盘　　C. 什锦拼盘　　D. 花式冷菜拼盘

3. 冷菜拼盘的作用包括（　　）。

A. 促进销售　　B. 保证菜肴营养　　C. 提高欣赏性　　D. 提高菜品档次

4. 冷菜拼盘制作与食品雕刻的要求包括（　　）。

A. 复杂性　　B. 以食品原料为基本材料

C. 赋予作品好的寓意　　D. 使用昂贵的原料

## 五、简答题

1. 请简述冷菜拼盘的概念。

2. 冷菜装盘的样式包括哪些？

## 六、操作题

自选意境和主题制作冷菜拼盘。

# 单元测试题答案

## 一、填空题

1. 制作　拼摆　2. 垫底　点缀　3. 菱形　花朵形　4. 性质　5. 25℃　6. 刀

## 二、判断题

1. ×　2. ×　3. ×　4. ×　5. √　6. √　7. √

## 三、单项选择题

1. C　2. A　3. A

## 四、多项选择题

1. AB　2. ABCD　3. ABCD　4. BC

## 五、简答题

1. 冷菜拼盘是指将原料烹制成熟后，经过切配加工和拼摆，将其整齐美观地装入盘内。

2. 包括馒头形、四方形、菱形、桥梁形、螺蛳形和花朵形。

## 六、操作题

略。